AF556559

Walter Hartmann / Philipp Schwarz

Die 100 besten Obstsorten für die Brennerei

Walter Hartmann
Philipp Schwarz

Die 100 besten Obstsorten für die Brennerei

Inhaltsverzeichnis

Vorwort

Der herkömmliche Obstbau, das ist der heutige Streuobstbau, versorgte mit seinen Früchten jahrhundertelang die Bevölkerung. Früchte, Saft und Most sowie auch Dörrobst bewahrten in manchen Jahren vor dem Verhungern. Mit der Entwicklung der Wohlstandsgesellschaft nach dem Zweiten Weltkrieg bekam der Streuobstbau eine ganz andere Bedeutung. Der Mostverbrauch ging stark zurück, denn man hatte jetzt Geld und konnte sich Bier leisten. Die Nachfrage nach Mostobst ließ deshalb rapide nach und führte damit zu einem Preisverfall beim Obst. Gleichzeitig wurde ein Erwerbsobstbau mit Niederstammanlagen aufgebaut. Das Obst aus dem Streuobstanbau musste jetzt „verwertet" werden und ein Weg der Verwertung führte über die Brennerei. Die zahlreichen kleinen Brennereien trugen dazu bei, den Streuobstbau zu erhalten. Heute hat er eine ganz andere Bedeutung als die reine Produktion, landschaftsprägende und naturschutzrechtliche Belange stehen jetzt im Vordergrund. Da aber die staatlichen Förderungsmaßnahmen in keiner Weise ausreichen, um den Bestand zu erhalten, sind Einnahmen aus den Beständen dringend notwendig. Ein Weg dazu sind die Brennereien. Sorten mit hohem Zuckergehalt waren bisher gefragt. Da es primär um eine Verwertung ging, hatten auch besonders Sorten mit hohem Ertrag ihre Bedeutung. Dies wird sich in Zukunft durch das neue Brennrecht ändern, denn die Brennereien müssen ihre Destillate nun selbst vermarkten, da die Bundesmonopolverwaltung nicht mehr, wie bisher, den Alkohol abnimmt. Die Brennereien werden ihren Schwerpunkt deshalb mehr auf die Qualität der erzeugten Brände legen müssen.

Entscheidend für einen guten Brand ist vor allem auch die richtige Sorte. Meist werden die Destillate von unserem Obst als „Obstler" vermarktet. Manchmal wird auch die Obstart genannt, selten aber die Sorte. Dies sollte sich än-

dern – wir müssen sortenreine Spezialitäten anbieten, dann lässt sich auch ein höherer Preis erzielen.
Aus der zum Glück noch vorhandenen großen Sortenvielfalt in unseren Streuobstbeständen müssen deshalb die richtigen Sorten ausgewählt werden. Es ist vielen Brennern nicht bewusst, welche Schätze noch in unseren Streuobstwiesen ruhen. Vor allem bei den Birnen gibt es eine große Vielfalt von Sorten mit den unterschiedlichsten Aromen. Auch mir wurde dies erst wirklich bewusst durch ein Forschungsprojekt des Landes Baden-Württemberg mit dem Titel „Most- und Wirtschaftsbirnen und ihre Verwertung". Oft sind es auch Sorten, die nur lokal einzelnen Brennern bekannt sind. Es gibt den Slogan „Mosttrinker schützen die Landschaft". Dies trifft noch viel mehr auf die Brenner und ihre Produkte zu, da sie viel mehr als die Mosttrinker zum Erhalt der Landschaft beitragen. Allein in Baden-Württemberg gibt es etwa 180 000 ha Streuobstwiesen mit 9 Mio. Obstbäumen und etwa 25 000 Kleinbrenner. Über die Hälfte des Kernobstes, das in den Brennereien verarbeitet wird, stammt aus den Streuobstwiesen. Beim Steinobst ist es etwa ein Drittel. In der Summe werden 40 000–50 000 t Obst aus den Streuobstwiesen in den Brennereien verarbeitet.
Die in diesem Buch vorgestellten Sorten sollen Hilfestellung bei der Auswahl von Früchten aus dem Streuobstbau für die Verwertung in der Brennerei, aber auch Anreize zu Neuanpflanzungen geben. Der Schwerpunkt der Sortenempfehlung liegt auf Sorten, die aromareiche Destillate liefern, es sollen aber auch einige Sorten vorgestellt werden, die eine hohe Ausbeute bringen. Diese Destillate können als Grundlage für die Herstellung von Likör oder für industrielle Zwecke verwendet werden. Neben der Qualität der Früchte sollte man bei einer Pflanzung aber auch die Anfälligkeit der Sorten gegenüber Krankheiten beachten, dies spielt nicht nur im Streuobstanbau, sondern auch im Erwerbsanbau eine immer größere Rolle. Nicht ganz vergessen werden sollte für Pflanzungen im Streuobstbau außerdem die landschaftsprägende Wirkung der Sorten,

d. h. vor allem Wuchsform, Größe, Alter und Herbstfärbung.
Obst als Grundlage für die Herstellung edler Destillate spielt auch im Erwerbsanbau eine Rolle. Hier wird vor allem die Sorte 'Williams Christ' angebaut. Es gibt aber auch Brenner, die aus Sorten wie 'Elstar', 'Rubinette' oder 'Topaz' interessante Destillate herstellen. Oft lassen sich hier durch die Verwertung über die Brennerei höhere Einnahmen erzielen als durch den Verkauf von Tafelobst. Die Konkurrenz im Anbau von Tafelobst ist groß und für manchen Brenner wäre es bestimmt interessant, spezielle Obstsorten für die Brennerei im Intensivanbau anzupflanzen. Dabei können mittelstark wachsende, standfeste Unterlagen und verschiedene Erziehungssysteme verwendet werden. Versuche mit einer Reihe von Birnensorten auf verschiedenen OHF-Unterlagen an der Universität Hohenheim bestätigen dies.
Grundsätzlich muss den Brennern klar sein, dass die Konkurrenz in Zukunft noch größer wird. Manche Brenner werden Probleme mit dem Absatz ihrer Destillate bekommen. Eine Chance haben nur diejenigen, die Destillate mit hoher Qualität herstellen und auch eine entsprechende Vielfalt dem Verbraucher anbieten können. Viele Brenner werden eine Reihe der vorgestellten Sorten noch nicht verarbeitet haben und nur dem Namen nach oder überhaupt noch nicht kennen. Deshalb der Rat: Kaufen Sie Früchte dieser Sorten zum Brennen, um sie näher kennenzulernen und pflanzen Sie dann Bäume dieser Sorten selbst an.
Dem Ulmer-Verlag möchte ich für das Entgegenkommen beim Format des Buches und bei der Gestaltung danken. Besonderer Dank dafür an Frau Lisa Seibel, Frau Sabine Drobik und den Leiter des Lektorats, Herrn Volker Hühn.
Die Auswahl der besten Sorten ist nicht immer ganz einfach. Ich möchte mich deshalb auch für die vielen Hinweise und Ratschläge von Obstbrennern bedanken, ganz besonders bei August Kottmann, für die vielen intensiven Gespräche über Sorten und Destillate.

Walter Hartmann Filderstadt, Weihnachten 2017

Zur Geschichte der Brennerei

Im Laufe der Zeit wandelte sich die Bedeutung des Alkohols: Von Kosmetik, magischem Mittel und Arznei über Mittel zur Haltbarmachung bis hin zum Luxusartikel. Aber zunächst einmal musste die Alkoholgewinnung durch Destillation erfunden werden.

Herkunft des Wortes „Alkohol“

Der Ursprung des Wortes Alkohol geht auf den aus dem Mittelalter stammenden arabischen Begriff „al-kuhl“ zurück und sollte etwas besonders Feines, Reines, ja das Beste ausdrücken. Paracelsus von Hohenheim übertrug Anfang des 16. Jahrhunderts die Benennung Alkohol auf eine leicht flüchtige Substanz, die sich bei der Destillation von Wein gewinnen ließ.

Erste Destillationen

Die Grundlage der Brennerei ist die Destillation. Die alten Ägypter kannten bereits eine Art Destillationsverfahren – sie benutzten die gewonnenen Extrakte jedoch hauptsächlich zu kosmetischen Zwecken. Auch Aristoteles experimentierte mit der Erzeugung konzentrierten Alkohols. Der Durchbruch in der Spirituosenherstellung gelang aber erst um das Jahr 1000 in den Klosterküchen und Apotheken Süditaliens. Hochprozentigem Alkohol wurden damals mannigfaltige Kräfte zugeschrieben. So glaubten die Alchimisten, er sei der „Stein der Weisen“ und verhelfe zur künstlichen Herstellung von Gold. Andere Forscher schrieben ihm eine umfassende Heilwirkung für fast alle Krankheiten zu. Spirituosen galten zu Beginn ihrer Geschichte als magisches Allheilmittel. Dabei stand jeder Forscher des Mittelalters zunächst vor demselben Problem: Der natürliche Prozess der Weingärung hört von

selbst auf, wenn die Alkoholkonzentration 16 Vol.-% erreicht hat, denn dann sind die zum Gären notwendigen Hefepilze durch den Alkohol abgetötet.
Schon ab dem 12. Jahrhundert wurde Alkohol in der Medizin eingesetzt. Die von HILDEGARD VON BINGEN begründete Klostermedizin wusste schon bald um die positiven Eigenschaften, die Alkohol für den Auszug von Kräuterwirkstoffen zur Erstellung von Essenzen hatte. Im Jahr 1167 gelang Magister SALERNUS schließlich die erste dokumentierte Weindestillation an der ältesten abendländischen Hochschule in Salerno (Italien). Dieser Durchbruch war sowohl ein großer Schritt in der Chemiegeschichte, als auch die „Geburtsstunde" der Spirituosen. Er schaffte es, reinen Alkohol als entflammbaren Weingeist (aqua ardens) von den nicht brennbaren Bestandteilen des Weines zu trennen.
Rund 100 Jahre später wurde dieses zunächst noch recht unvollkommene Destillationsverfahren bedeutend verbessert. Dem Regensburger Bischof ALBERTUS MAGNUS (1193–1290) wird die Fortentwicklung zugeschrieben: Er erfand die Brennblase, in der sich nach Erhitzung des Weines die alkoholischen Dämpfe sammeln. Als Rohprodukt wurde Wein dann zu hochprozentigem Alkohol verarbeitet. Im späten Mittelalter hatte er den Namen „Brandewyn", daher der Name „Weinbrannt" (Weinbrand).

Vom Heilmittel zum Getränk

Lange Zeit galt Branntwein ausschließlich als Heilmittel. Erst im 15. Jahrhundert setzte er sich auch als Genussmittel durch. Wo kein Wein angebaut werden konnte, griffen die Menschen auch auf Früchte, Wurzeln, Knollen oder Getreide als Grundstoff der Destillation zurück.
Der Branntwein wurde im Mittelalter sogar als Lebenselixier (zur Heilung) bezeichnet. Das sollte sich mit dem Dreißigjährigen Krieg ändern: Er wurde nicht mehr zu Heilzwecken verwendet, sondern verstärkt als Getränk

genutzt, denn Not und Elend dieses Krieges wurden mit dem Genuss des Branntweins erträglicher. In großen Teilen der Bevölkerung wurde der Branntwein als Erfindung des Teufels bezeichnet. Man nannte ihn auch Trank der Hölle. Damit einher gingen im 17. und 18. Jahrhundert die ständig steigende Produktion und der steigende Konsum von Branntwein und Kornbränden. Man nutzte die enthemmende Wirkung der hochprozentigen Brände sogar zu Kriegszwecken. Vor den Schlachten flößte man den Soldaten Schnaps ein. Der Alkohol sollte ihnen Mut machen. Berauscht wurden sie so zu blutrünstigen Kämpfern, die weder auf ihr eigenes, noch auf das Leben des Feindes Rücksicht nahmen. Eine „Strategie“, die sich lange gehalten hat.

Brennerei in Süddeutschland

In Süddeutschland hat das Brennen in kleinen Obstbrennereien eine lange Tradition. Schon der Bischof von Straßburg, Kardinal Armand Gaston de Rohan, hat im Jahre 1726 sämtlichen Einwohnern und bäuerlichen Untertanen des Amtes Oberkirch das Brennen von Kirschen zum Eigenverbrauch gestattet. Mit der Destillation hatten die Landwirte eine weitere Einnahmequelle und die wirtschaftliche Situation der Region wurde dadurch verbessert. Ganz uneigennützig war die Erlaubnis zum Brennen aber nicht, denn die Obrigkeit hatte eine zusätzliche Einnahmequelle durch die Branntweinsteuer. Anfang des 18. Jahrhunderts wurden in Süddeutschland immer mehr Obstbrennereien gegründet. Heute ist Oberkirch (Baden) mit rund 890 Schnapsbrennereien die Hauptstadt der Brenner Europas.
In den baden-württembergischen Brennereien beschäftigt man sich vor allem mit Obstbranntwein. Hier wird überwiegend Obst von Streuobstwiesen verwertet, denn in vielen ländlichen Regionen war nicht der Genuss Antrieb, sondern die blanke Not, Obst zu konservieren und zu verwerten. Bevor es am Boden oder in den Scheunen verfaul-

Elegante Flaschen sind wichtig für das Marketing und es trinkt sich gut aus solchen Gläschen.

te, wurde es eben zu Schnaps gebrannt. Daraus entwickelten sich zunächst ausgesprochen rustikale Bauernbrände. Mit der Industrialisierung verkam Schnaps zur Droge der Arbeiterschicht und wurde zum gesellschaftlichen Problem.

Obstbrände als Spezialität

Heute kennt die Sortenvielfalt keine Grenzen mehr, und edle Tropfen sind zu begehrten Luxusartikeln geworden. Was als „magisches Allheilmittel“ begann, erlebt heute eine unvergleichliche Vielfalt: Die Destillationsverfahren wurden im Lauf der Geschichte mehr und mehr verfeinert, sodass der Liebhaber von feinen Spirituosen heute zwischen verlockend vielen Sorten und Marken wählen kann – zum Wohl der Gesundheit und als Genuss für den Gaumen.

Wirtschaftliche Bedeutung des Obstbrennens

Die Verarbeitung von Obst in der Brennblase ist wichtig für die Entlastung der heimischen Obstmärkte und für die Existenzsicherung der Obstbauern. Sie sorgt aber zudem auch für den Erhalt der ökologisch wertvollen Streuobstwiesen.

Wie viel Obst wird in Deutschland gebrannt?

Die 30 000 Abfindungsbrennereien, die 94 Obstverschlussbrennereien und eine halbe Million Stoffbesitzer verarbeiten im Durchschnitt in Deutschland jährlich zwischen 100 000 und 120 000 t Äpfel und Birnen zu Alkohol. Dazu werden noch 25 000 t Kirschen und 20 000 t Zwetschgen bzw. Pflaumen gebrannt. Ein großer Teil des Kernobstalkohols wird allerdings an die Bundesmonopolverwaltung für Branntwein (BfB) abgeliefert und gelangt damit nicht auf den Markt. Im Durchschnitt der Jahre sind es zwischen 50 000 und 60 000 hl Alkohol. Dieser wird zu Neutralalkohol weiterverarbeitet.

Warum ist das Obstbrennen so sinnvoll?

Durch den Verbrauch großer Obstmengen für das Brennen werden nicht nur die Obstmärkte entlastet, die Brennerei stellt auch eine wichtige Einnahmequelle für die Obstbauern dar: Für zahlreiche landwirtschaftliche Betriebe sind die Einkünfte aus der Brennerei auch ein wichtiger Beitrag zur Existenzsicherung, was auch die wirtschaftliche Struktur im ländlichen Raum stärkt.
Ein weiterer Vorteil des Obstbrennens: Das typische Landschaftsbild in den Obstregionen Süddeutschlands mit sei-

nen Streuobstwiesen ist nicht zuletzt auch auf die lange Tradition des Obstbrennens zurückzuführen. Seit dem 18. Jahrhundert verarbeiten die Klein- und Obstbrenner überwiegend Obst von Streuobstwiesen und erhalten damit die alte Kulturlandschaft.

Wie hoch ist der Anteil des Streuobstes?

Über die verarbeiteten Mengen an Streuobst gibt es nur Schätzungen, so werden ungefähr 30 % der Gesamtmenge durch die Obstbrenner verwertet; regional kann dies auch 50 % und mehr sein. Entscheidender Faktor für die Verwertung ist überwiegend der Obstpreis. Bei niedrigem Preis werden größere Mengen über den Brennkessel verwertet. In Süddeutschland wurden so z. B. im Betriebsjahr 2015/16 über 26 500 hl Alkohol aus Kernobst erzeugt. Aus Steinobst (Kirsche, Mirabelle, Zwetschge) waren es 8300 hl. Insgesamt wurden in diesem Jahr 70 000 t Maische im Bereich des Kernobstes verarbeitet, davon stammten etwa 40 000 t aus dem Streuobstbau. Im Bereich des Steinobstes war es mit 6000–7000 t Maische etwa ein Drittel des verwerteten Obstes. In der Summe bedeutet dies, dass allein in Süddeutschland etwa 45 000–50 000 t Streuobst über den Brennkessel verwertet wurden.

Ausblick

An den Spirituosen, die in Deutschland konsumiert werden, haben die Obstbrände einen Anteil von 4–5 %. Dies sind jährlich etwa 25 Mio. Flaschen à 0,7 l. Die Abschaffung des seit 1918 bestehenden Branntweinmonopols (2018) wird voraussichtlich die in Süddeutschland bestehenden Kleinbrennereien weiter reduzieren. 1945 gab es noch rund 45 000 Kleinbrennereien im süddeutschen Raum. Heute sind es noch rund 22 000 und man schätzt, dass diese bis auf 15 000 zurückgehen.

Herkunft des Obstes

Das in Deutschland produzierte Obst wird in der Menge durch zwei unterschiedliche Methoden erzeugt: den sogenannten Erwerbsanbau, der vor allem Tafelobst im intensiven Anbau produziert, und den Streuobstbau, in dem vor allem Verarbeitungsobst extensiv erzeugt wird.

Der Erwerbsobstanbau

Der Anbau von Obst ist in Deutschland ein wichtiger Wirtschaftszweig. Die Baumobsterhebung 2017 weist insgesamt 7167 Betriebe aus. Die Baumobstfläche betrug 49 934 ha. Gegenüber der letzten Zählung im Jahr 2012 bedeutet dies eine Steigerung um 10 %.
Die wichtigste Obstart im Erwerbsanbau bleibt nach wie vor der Apfel mit 33 981 ha, gefolgt von der Süßkirsche mit 6065 ha und Pflaumen und Zwetschgen mit 4199 ha. Birnen werden auf einer Fläche von 2137 ha und Sauerkirschen auf 1148 ha angebaut. Die Fläche von Mirabellen und Renekloden beträgt 639 ha.

Apfelanbau

Die wichtigste Sorte beim Apfel ist ‘Elstar’ mit 6698 ha, gefolgt von ‘Braeburn’ mit 2824 ha, ‘Gala’ mit 2382 ha, ‘Jonagold’ mit 2285 ha und ‘Jonaprince’ mit 1992 ha. Die größten Anbauflächen liegen in Baden-Württemberg, insgesamt werden hier auf 10 012 ha Äpfel angebaut, gefolgt von Niedersachsen mit 7761 ha. Auf dem dritten Platz liegt Sachsen mit 2156 ha.
Im Apfelanbau ist die Unterlage M9 mit Abstand am weitesten verbreitet. In Ausnahmefällen kommt auf wüchsigen Standorten, in Verbindung mit einer stark wachsenden Sorte, auch die Unterlage M27 zum Einsatz. Umgekehrt kann bei ungünstigen Bodenverhältnissen auf M26 zurückgegriffen werden, und bei extensiveren Anbaufor-

men hat nach wie vor die Unterlage MM106 als ertragreiche und stark wachsende Alternative ihre Berechtigung.

Birnenanbau

Die Birnenproduktion in der EU lag in den Jahren 2014–2016 zwischen 2,1 und 2,4 Mio. t. Die wichtigste Sorte in der EU ist 'Conference'. In Deutschland werden nur 35 000–45 000 t Tafelbirnen erzeugt und zwar auf einer Fläche von 2137 ha. Birnen werden vor allem in Baden-Württemberg auf einer Fläche von 847 ha angebaut, gefolgt von Bayern mit 379 ha und Niedersachsen mit 278 ha.

Die wichtigste Unterlage im Erwerbsanbau ist immer noch Quitte A. Quitte C kommt aufgrund ihrer zu geringen Wuchskraft oft nicht infrage, und die feuerbrandresistenten OHF-Unterlagen haben sich aufgrund des etwas späteren Ertragseintritts im Tafelbirnenanbau nicht bewährt, wohl aber im Anbau von Brennbirnen.

Steinobstanbau

Im Anbau von Steinobst ist Baden-Württemberg mit 2756 ha Süßkirschen und 1782 ha Pflaumen und Zwetschgen führend. Einen bedeutenden Anbau hat aber auch Rheinland-Pfalz mit 653 ha Süßkirschen und 884 ha Pflaumen und Zwetschgen. Hier liegt auch ein Anbauschwerpunkt von Sauerkirschen mit 562 ha, das ist fast ein Drittel des gesamten Anbaus in Deutschland. In Bayern hat der Steinobstanbau ebenfalls Bedeutung, mit über 564 ha Süßkirschen und 369 ha Pflaumen und Zwetschgen.

Bei den Zwetschgen findet man heute vor allem die Wangenheim-Unterlagen Wavit und Weiwa, aber auch noch St. Julien. Neu sind sogenannte hypersensible Unterlagen, welche verhindern, dass scharkainfizierte Bäume aus den Baumschulen geliefert werden. Die gefährliche Viruskrankheit wird dadurch aus noch scharkafreien Gebieten ferngehalten.

Im Süßkirschenanbau überwiegt bei Neupflanzungen auf guten Standorten aufgrund ihres positiven Ertrags- und Wuchsverhaltens die Unterlage Gisela 5.

Obstarten für die Verwertung

Aus den Erwerbsbetrieben kommen **Äpfel** in der Regel nur dann in die Verwertung, wenn die Früchte nicht der Marktordnung entsprechen, z. B. wenn sie zu klein sind oder durch Hagel, Schädlinge, Pilze oder andere Ursachen Schäden haben. Auch bei einer Überproduktion können Früchte an die Verwertungsindustrie geliefert werden, oder wenn am Saisonende noch Lagerfrüchte vorhanden sind. Etwas anders sieht es bei **Birnen** aus. Einen speziellen Anbau für die Brennerei findet man eigentlich nur bei der Birnensorte 'Williams Christ'. **Kirschen** für die Brennerei werden dagegen häufig noch angebaut, es handelt sich dabei aber um spezielle Brennkirschen. Häufig gebrannt werden **Pflaumen, Zwetschgen** und vor allem **Mirabellen**.

Erträge und Wirtschaftlichkeit

Die Erntemengen im Obstbau schwanken von Jahr zu Jahr, da der Anbau stark witterungsabhängig ist. Gerade Kirschen und Pflaumen mit ihrer frühen Blüte sind besonders frostanfällig. Im Apfelanbau ist die Alternanz eine Ursache für schwankende Erträge. Gute Betriebe ernten im Durchschnitt 380 dt/ha, manche sogar über 500 dt/ha. In ertragreichen Jahren (Vollernten) sind in der Bundesrepublik Erntemengen von weit über 1 Mio. t Äpfeln möglich. Die erzielten Preise sind oft nicht befriedigend und liegen in manchen Jahren sogar unter 30 €/dt. Diese niedrigen Erzeugerpreise sind mit Ursache für die schlechte wirtschaftliche Lage mancher Betriebe. Bei Erzeugerpreisen von 30 €/dt oder auch noch niedriger stellt sich die Frage, ob der Anbau von Brennobst nicht wirtschaftlicher ist. Hier ist vor allem der Anbau von Birnensorten interessant, denn Birnendestillate sind nach wie vor gefragt und gehören in das Angebot zahlreicher Brennereien. Al-

'Wahlsche Schnapsbirne' auf der Unterlage OHF 333.

lerdings werden in der Regel hauptsächlich Brände aus Williamsbirnen angeboten. Die Frage ist also, ob sich auch andere Sorten für einen intensiveren Anbau eignen. In der Versuchsanstalt für Obstbau der Uni Hohenheim wurde deshalb ein Versuch auf mittelstark wachsenden OHF-Unterlagen angelegt. Die Ergebnisse bestätigten, dass es lokal zahlreiche interessante Birnensorten gibt, die vom Wuchs- und Ertragsverhalten sowie der Gesundheit der Bäume, vor allem aber auch in der Qualität des Destillats überzeugten und neben dem landschaftsprägenden Anbau auch für den Erwerbsanbau empfohlen werden können.

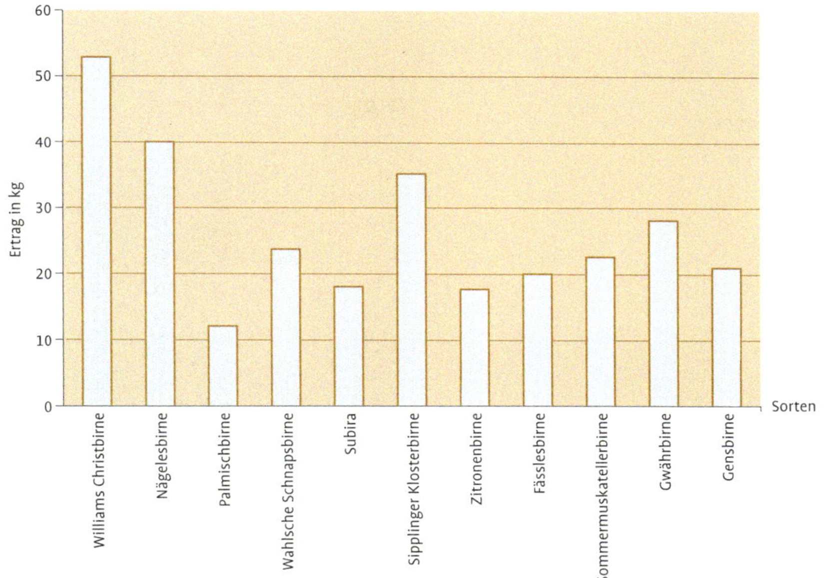

Summierter Ertrag pro Baum verschiedener Brennbirnensorten auf OHF-Unterlagen (Jahre 2012 und 2013).

Der Streuobstbau

Diese Anbauform ist eine naturverträgliche, faszinierende und landschaftlich sehr reizvolle Kulturform und im Prinzip nichts anderes als der herkömmliche Obstbau, so wie er seit Jahrhunderten betrieben wird.

Geschichte

Die Anfänge des Streuobstanbaus reichen in die Urzeit zurück, als Wildformen von Apfel, Birne, Süßkirsche, Pflaume und Walnuss genutzt wurden. Die Römer lernten bei den Griechen und diese bei den Persern und Ägyptern, sie brachten den Obstbau vor 2000 Jahren mit Kulturformen nach Deutschland. Damals entstanden erste Obstgärten am Rande der römischen Villen.

Nachdem die „Barbaren“ im 3.–5. nachchristlichen Jahrhundert das Römische Reich teils in Schutt und Asche legten, teils Traditionen der Römer fortführten, gab es erst mit Karl dem Grossen wieder einen Aufschwung beim Obstbau in dessen Reich zwischen Pyrenäen, Alpen, Elbe und Dänemark. Er hatte ein persönliches Interesse an der Obstzucht und schrieb sogar vor, welche Obstarten in seinen Gütern gepflanzt werden sollten.

In den folgenden Jahrhunderten waren es in West- und Mitteleuropa insbesondere die Klöster und Mönche, die durch einen internationalen Tauschhandel die Sortenvielfalt und das Wissen um Okulieren und Pflege bewahrten und weiterentwickelten.

„Streuobstwiesen“, also nennenswerte Anpflanzungen von Hochstamm-Obstbäumen, entstanden in Teilen Deutschlands erst ab dem 16. Jahrhundert, ausgehend von gärtnerischen Anlagen rund um Städte und Dörfer. In einer Länderbeschreibung von L. Suntheim (1438–1503) beschrieb dieser das Gebiet des heutigen Baden-Württemberg als ein relativ reiches Obstland. Von Ravensburg liegt eine Stadtbeschreibung aus dem 16. Jahrhundert vor, in der schon zahlreiche Obstsorten genannt wurden. Für das württembergisch-schwäbische Bad Boll ist 1598 in lateinischer und 1602 in deutscher Sprache durch Jakob Bauhin (1541–1612) die Dokumentation von über 50 Apfel- und 34 beschriebenen Birnensorten nebst zahlreichen weiteren Obstarten belegt, die vor Ort im Obstgarten von Herzog Friedrich von Württemberg aufgepflanzt waren. Erstmals wurden Obstsorten auch detailliert in Abbildungen gezeigt. Einige Sorten sind bis heute erhalten, so z. B. die ‘Palmischbirne’, die als „Böhmische Birne“ zu Boll beschrieben und abgebildet ist. Im Dreißigjährigen Krieg wurden Obstbäume häufig gezielt vernichtet, da hiermit eine wichtige Nahrungsgrundlage der feindlichen Bevölkerung auf Jahrzehnte zerstört wurde.

Nach ersten „landesherrlichen Edikten“ im 17. Jahrhundert erfolgte im 18. und 19. Jahrhundert die weitere Ausbreitung des Streuobstbaus in klimatisch günstige Gebiete, zuerst häufig auf herrschaftlichen Zwang hin. Adel und Stadtväter erließen Gesetze zur Förderung und zum Schutz der Obstbäume. Obstbaumpflanzungen wurden so entlang von Wegen und Straßen vorgenommen. Der wahre Grund für die Ausdehnung der Streuobstwiesen war aber der Rückgang des Weinbaus, bedingt durch klimatische Änderungen und durch die Reblaus. Der Obstanbau trug zur Hebung des allgemeinen Wohlstands bei, und der fehlende Wein wurde nun durch Most als Volksgetränk ersetzt. Zunächst gab es regelrechte „Baumäcker" mit zusätzlichem Anbau von Getreide und Hackfrüchten unter den Obstbäumen. Erst als unter den Bäumen nur noch einfache Grünlandnutzung stattfand, entwickelten sich die Streuobstwiesen im heutigen Sinn. Das Wort „Streuobstwiese" stammt allerdings erst aus dem Jahr 1975, als die naturschutzfachliche Bedeutung dieses Lebensraumes insbesondere für Vogelarten zunahm.

Bis zum Beginn des 19. Jahrhunderts vergrößerte sich das Sortiment insbesondere durch zahlreiche Findlinge und Zufallssämlinge enorm. Die Sortenzahl stieg sprunghaft an. In Deutschland waren bereits Mitte des 19. Jahrhunderts etwa 2000 Apfelsorten bekannt. Gegen Ende des 19. Jahrhunderts lieferte der Deutsche Pomologenverein Sortenempfehlungen für den beginnenden Erwerbsobstbau und empfahl die Vernichtung „unwerter Sorten". Damit schränkte sich die Sortenvielfalt langsam wieder ein.

Vom Hoch- zum Niederstammanbau

Insbesondere nach dem Zweiten Weltkrieg stand die rationelle Produktion von Tafelobst im Vordergrund. Die Senkung der Produktionskosten war mit einem Hochstammanbau nur schwer möglich. Aus diesem Grund wurde die Umstellung auf einen rationellen Niederstammanbau durch die Europäische Wirtschaftsgemeinschaft (EWG) finanziell gefördert und die unwirtschaftlichen Altbestände gerodet. Mit Hilfe staatlicher Förderungsprogamme wurden z. B. in Baden-Württemberg zwischen 1957 und 1974 im Rahmen eines „Generalplans für die

Neuordnung des Obstbaus“ rund 15 700 ha Streuobstwiesen gerodet. Diese Rodungen erfolgten vor allem dort, wo die Anpflanzung moderner Niederstammanlagen aufgrund der klimatischen Verhältnisse sinnvoll war. So wurden im Bodenseegebiet von den 2 Mio. Hochstamm-Obstbäumen 75 % gerodet. In Gegenden mit ausgeprägten Hanglagen blieben dagegen die Bestände meist erhalten. Auch durch die Flurbereinigung in den nachfolgenden Jahrzehnten wurden zahlreiche Obstbäume gerodet, ebenso durch den zunehmenden Ausbau des Straßennetzes. Die Obstbäume am Straßenrand waren den Autos im Weg. Die Baumzahl ging aus diesen Gründen stark zurück. Waren es 1935 in Baden-Württemberg z. B. noch 15 Mio. Bäume, so lag die Anzahl bei der letzten Zählung 2009 nur noch bei 9 Mio. Bäumen, auf einer Fläche von ungefähr 116 000 ha, und hat sich in der Zwischenzeit weiter reduziert.

Heutige Streuobstbestände

Für die mitteleuropäische Biodiversität spielen Streuobstbestände mit über 5000 Tier- und Pflanzenarten sowie über 3000 Obstsorten eine herausragende Rolle. Die hochstämmigen Obstbäume auf Wiesen, Weiden oder Mähweiden bilden heute die Streuobstwiesen. Nach NABU-Schätzungen existieren bundesweit rund 300 000 ha Streuobstbestände, davon über 95 % Streuobstwiesen. Der Großteil davon steht in Süddeutschland. In Baden-Württemberg findet man heute entlang des Albtraufs noch die größten zusammenhängenden Flächen in ganz Europa.

Streuobstbeständen gemeinsam ist die regelmäßige Nutzung sowohl der Hochstamm-Obstbäume (Obernutzung) als auch der Flächen unter den Bäumen (Unternutzung). Die umweltverträgliche Nutzung eines Streuobstbestandes schließt die Anwendung synthetischer Behandlungsmittel wie Pestizide aus. Über die Verwendung von Handelsdünger wird dagegen viel diskutiert. Eine Anwendung dieses Düngers ist aber unbedingt notwendig, wenn unsere Streuobstbestände erhalten werden sollen. Untersuchungen in verschiedenen Landkreisen ergaben einen Mangel an Nährstoffen. Phosphor und Kalium sind sogar oft nur noch an der Nachweisgrenze vorhanden. Dies zeigt sich auch in der Vegetation. Viele Streuobstwiesen blühen im Frühjahr gelb durch den Klappertopf, eine Pflanze, die Mangelernährung anzeigt.

Der Streuobstanbau ist identisch mit dem Hochstammanbau in der Schweiz. Die Stammhöhe sollte über 1,5 m liegen. In der Regel werden stark wachsende Unterlagen benutzt, meist sind es Sämlingsunterlagen, beim Apfel z. B. der 'Bitterfelder Sämling' oder bei der Birne die 'Kirchensaller Mostbirne'. Ein Pflanzenschutz findet im Streuobstbau in der Regel nicht statt, d. h. es wird im Streuobstbau ökologisch, meist auch biologisch produziert. Diese Produktionsweise wird in der Vermarktung noch viel zu wenig berücksichtigt. In Baden-Württemberg wird versucht, dies durch die Einführung des Markennamens **„Wiesenobst"** zu ändern. Der Verbraucher bekommt damit die Garantie, dass das verwendete Obst ausschließlich von zertifizierten Streuobstwiesen stammt.

Ein Problem im Streuobstanbau sind die von Jahr zu Jahr stark wechselnden Erträge. Dieser Wechsel von Mangel zu Fülle wird auch Alternanz genannt. Die Ursache liegt in dem zu hohen Fruchtansatz in einem Jahr. Da die Blüten für das nächste Jahr schon im Juni angelegt werden, hemmen die von den Früchten ausgehenden Hormone die Anlage von neuen Blütenknospen. Im Intensivanbau wird dies durch eine Ausdünnung der Früchte durch verschiedene Methoden verhindert. Eine solche Ausdünnung wäre in Teilen auch bei Hochstammanbau möglich, wird aber aus verschiedenen Gründen nicht durchgeführt. Diese unterschiedlichen Erntemengen sind ein Problem im Streuobstbau, und sie wirken sich natürlich auf die Preise aus. Sie sind auch die Ursache dafür, dass in manchen Jahren viele Bäume nicht abgeerntet werden.

≡ Info

Auch Streuobstbestände brauchen Nährstoffe. Bodenuntersuchungen geben Aufschluss über fehlende Nährstoffe.

≡ Info

Sie können Mitglied im Verein Wiesenobst werden und partizipieren von den höheren Obstpreisen (www.wiesenobst.org).

Wie wird das Obst aus dem Streuobstbau verwendet?

Etwa 40 % des Streuobstes dienen dem Eigenverbrauch, 25 % werden den Keltereien zugeführt, 20 % ist Tafelobst oder wird nicht geerntet, 10 % gehen in Brennereien, der Rest wird für die Marmeladeherstellung, für Dörrobst usw. verwendet.

Die Zahlen der kleinen Abfindungsbrenner in Süddeutschland für das Betriebsjahr 2015/16 ergeben eine Herstellung von 26 500 hl Alkohol aus Kernobst und 8300 hl aus Steinobst und 1600 hl aus Beeren. Umgerechnet bedeutet dies, dass in diesem Jahr über die Klein- und Obstbrennereien etwa 70 000 t Maische aus Kernobst verarbeitet wurden. Davon waren mit etwa 40 000 t mehr als die Hälfte aus dem Streuobst. Im Bereich des Steinobstes stammte etwa ein Drittel der verwerteten Ernte aus Streuobst (6000–7000 t Maische). In der Summe bedeutet dies eine Verwertung von etwa 45 000–50 000 t Streuobst **über den Brennkessel**.

Tatsache ist, dass in den Streuobstwiesen noch viele Schätze liegen. Es gilt diese zu entdecken und dann auch entsprechend zu verwerten. Gerade die Kleinbrennereien

Herbstliche Streuobstwiesen im Streuobstparadies (Albvorland).

Ihr Herz schlägt für edle Spirituosen

Kleinbrennerei berichtet als einzige überregionale Fachzeitschrift für Obst- und Getreidebrenner im deutschsprachigen Raum über folgende Themen:

- Tipps zur Erzeugung hochwertiger Brände, Geiste und Liköre
- Sortenporträts und –empfehlungen für die Brennerei
- Herstellungshinweise von der Maische bis zum fertigen Produkt
- Neueste Forschungsergebnisse und Tipps zur Qualitätsverbesserung
- Rechtliches und Gesetze
- Betriebsporträts und Ideen für die Vermarktung
- Termine für Prämierungen, Messen, Fortbildung

Ihre Vorteile als Abonnent

- 1 x monatlich viele wertvolle Tipps und Informationen rund um die Kleinbrennerei.
- Klicken Sie sich durch das umfangreiche Online-Zeitschriftenarchiv auf www.kleinbrennerei.de.
- Exklusive Online-Inhalte und Service-Adressen.
- Im überregionalen Anzeigenmarkt finden Sie Käufer und Bezugsquellen.
- Einmal im Jahr haben Sie als Arbeitgeber die Möglichkeit, ein kostenloses Stellenangebot auf www.gruener-stellenmarkt.de zu schalten.

Noch mehr Fachmedien auf www.ulmer.de

Telefon: 0711 4507 - 105 / leserservice@ulmer.de
www.kleinbrennerei.de/testabo

Lesen Sie die nächsten 2 Ausgaben von Kleinbrennerei kostenlos!

Wenn Sie sich innerhalb von 14 Tagen nach Erhalt der 4. Ausgabe nicht bei uns melden, beziehen Sie Kleinbrennerei regelmäßig im Jahresabonnement weiter.

Dieses Angebot gilt für alle Interessenten, die in den letzten 6 Monaten kein Test-Abo bestellt haben.

➔ Jahresbezugspreis: Inland 52,20 € / Ausland 57,00 €
(inkl. Online-Zugang, Porto und MwSt., Stand 2017)

➔ Erscheinungsweise: monatlich

➔ Kündigungsfrist: 6 Wochen zum Ende des Rechnungszeitraumes

Widerrufsbelehrung: Sie können diese Vereinbarung innerhalb von 14 Tagen nach Bestelleingang beim Verlag Eugen Ulmer, Wollgrasweg 41, 70599 Stuttgart, Telefon 0711 4507 - 105, Fax 0711 4507 - 120, leserservice@ulmer.de, widerrufen. Gesetzlicher Vertreter: Matthias Ulmer, Registergericht Stuttgart, HRA 581. Zur Wahrung der Frist genügt das rechtzeitige Absenden des Widerrufs.

Meine Angaben

☐ Ja, ich möchte den E-Mail-Newsletter von Kleinbrennerei erhalten.

Name, Vorname

Firma

Straße, Hausnummer

Ort, PLZ

E-Mail

Telefon (für evtl. Rückfragen)

Ich bin mit der Kontaktaufnahme (bitte gleich ankreuzen) per ☐ E-Mail oder ☐ Telefon zum Zwecke meiner Beratung, Information und der Zusendung von Infomaterial des Verlags Eugen Ulmer einverstanden. Ich bin darüber informiert, dass ich diese Einwilligung jederzeit ohne Nachteile widerrufen kann. Vom Verlag Eugen Ulmer wird mir versichert, dass meine datenschutzrechtlichen Belange ohne Einschränkung gewährleistet werden und keine Übermittlung meiner Daten an Dritte zu Werbezwecken erfolgt.

Wir verarbeiten Ihre Daten zur Durchführung des Vertrags, zur Pflege der Kundenbeziehungen und der werblichen Kommunikation.

Datum, Unterschrift

BL_BUCH / (205-05)

Blühende Kirschbäume unterhalb der Burg Teck.

haben die Möglichkeit, durch sortenreine Destillate mit hoher Qualität ein gutes Einkommen zu erzielen. Dies ist für den Erhalt des wertvollen Kulturguts Streuobstwiese auch dringend nötig.

Anforderungen an Brennobst

Beim Brennobst spielt die Optik eine eher untergeordnete Rolle. Dagegen sollten das Aroma und der Reifegrad stimmen, damit ein Endprodukt von hoher Qualität entstehen kann. Vor dem Einmaischen sollte das Obst außerdem gesäubert und gewaschen werden.

Mindere Qualität durch faulige Früchte

Während man in früheren Jahren wirklich von einer Verwertung des Obstes in der Brennerei sprechen konnte, hat sich dies zum Glück heute geändert. Es gab Zeiten, da wurde vor allem angefaultes Obst eingemaischt, entsprechend war die Qualität der Destillate. Eine Verwertung von solchem Obst in den Nachkriegsjahren ist noch verständlich, aber noch in der 3. Auflage des Buchs „Die Obstbrennerei“ von 1960 heißt es: „Alljährlich gibt es Abfallobst, fauliges Obst ... das ohne die Verwertung in der Brennerei zugrunde gehen würde.“ Dieses Verhalten hielt sich sehr lange, selbst in den 1980er-Jahren erlebte der Autor selbst, wie im Bühler Gebiet die angefaulten Früchte der ‘Bühler Frühzwetschge’, einer Sorte mit eher niedrigem Zuckergehalt, in extra Gefäßen für die Brennerei gesammelt wurde.

Gutes Obst für gute Brände

Die Qualität eines Obstbrandes entsteht vor allem am Obstbaum. Der beste Brennmeister kann aus schlechtem Obst und somit minderwertiger Maische keinen guten Brand herstellen. Dies bedeutet, nur wenn im Ausgangsprodukt genügend **Aroma** vorhanden ist, können fruchtige und aromatische Brände entstehen. Im Gegensatz zu Tafelobst spielt die Optik eine untergeordnete Rolle, wenn die Reife der Frucht und der sortentypische Geschmack nicht darunter leiden.

Vor dem Einmaischen wird das Brennobst **sortiert**. Unreifes, schimmeliges und fauliges Obst wird entfernt, denn solches Obst bringt große Aromaverluste und führt sogar zu Aromafehlern wie einem unerwünschten Schimmel-/Backsteingeschmack oder einer anderen „muffigen" Geschmacksnote. Schimmelige, faulige und unreife Früchte sind und bleiben unbrauchbar.

Das Obst für die Brennerei sollte auch **sauber** sein. Früchte im Streuobstbau sind oft stark verschmutzt und sollten deshalb vor dem Einschlagen gewaschen werden. Geschütteltes oder aufgesammeltes Obst (Fallobst) muss sauber aufgelesen werden und vor allem frei von anhaftender Erde, Steinen, Gras und Blättern sein. Besonders aufgelesenes Obst ist natürlicherweise mikrobiologisch stark belastet und muss vor dem Einmaischen zwingend gewaschen werden, denn verschmutztes Obst kann zu Fehlgärungen führen. Bei Quitten sollte vor dem Einmaischen der feine Flaum abgetrennt werden, denn dieser Flaum enthält ein Öl, welches ranzig wird und deshalb beim Brennen unerwünscht ist.

Ganz wichtig ist auch, dass nur **reifes** Obst verarbeitet wird, denn nur dann können Früchte ihr arteigenes Aroma entwickeln und haben dann auch den höchsten Zuckergehalt. Probleme kann es bei Birnen geben, hier empfiehlt es sich die Früchte vor der Vollreife zu ernten, zum einen damit sie nicht abfallen, zum anderen damit sie nicht teigig werden. Birnen reifen im Lager sehr gut nach. Eingeschlagen sollten die Früchte spätestens dann werden, wenn sie von innen heraus beginnen, leicht teigig zu werden. Eine solche Maßnahme ist nur bei Tafelbirnen möglich, nicht dagegen bei Most- oder Wirtschaftsbirnen. Es gibt Sorten, die in manchen Jahren schon auf dem Baum teigig werden. Die Früchte solcher Sorten müssen deshalb mehrmals in der Woche aufgelesen und sofort weiterverarbeitet werden.

Jung übt sich ... Die Obsternte kann auch Freude bereiten!

Vielfach wird heute, besonders bei Steinobst, nicht mehr mit der Hand gepflückt, sondern mit einem Schüttler geerntet. Die richtige Zeit dafür ist dann, wenn der Großteil der Früchte reif ist. Bei Sorten, die sehr ungleich reifen, ist es ratsam, mehrmals zu schütteln.

Qualität der Früchte

Entscheidend für die Güte des Destillats, aber auch für die zu erwartende Ausbeute ist die Qualität der Früchte. Sie wird durch die äußere und innere Beschaffenheit der Frucht bedingt. Für die Brennqualität einer Sorte ist vor allem die innere Qualität entscheidend und hier die organischen Inhaltsstoffe, vor allem Zucker und Aromastoffe.

Inhaltsstoffe der Frucht

Der Großteil der Frucht ist Wasser, im Durchschnitt der verschiedenen Obstarten sind dies 80–85 %. Der restliche Teil wird als Trockensubstanz bezeichnet und besteht überwiegend aus Kohlenhydraten wie Stärke und Zucker, den verschiedenen organischen Säuren und Pektinen sowie Faserstoffen. Fette und eiweißhaltige Bestandteile sind im Kern-, Stein- und Beerenobst nur in geringen Mengen vorhanden. Obst hat aber einen hohen Anteil ernährungsphysiologisch wertvoller Bestandteile wie Vitamine, Mineralstoffe, Aroma- und Farbstoffe sowie Phenole. Die einzelnen Inhaltsstoffe sind während der Fruchtentwicklung in z. T. recht unterschiedlichen Mengen zu finden. Für die Brennerei sind besonders der Gehalt an Zucker und Aromastoffen von Bedeutung. Die für die Ausbeute so wichtigen Zucker erreichen ihren Höhepunkt bei der Reife, während Stärke und auch Säuren dann deutlich abnehmen. Aus diesem Verhalten wurde ein Reifebestimmungstest, der Stärketest, entwickelt, der beim Apfel eine wichtige Rolle spielt.

Kohlenhydrate

Den größten Teil der organischen Substanz machen die Kohlenhydrate aus; mit 60–70 % bei den Kernobstarten und 50–60 % beim Steinobst. Kohlenhydrate bilden die Gerüstsubstanz in den Zellwänden und sind als energie-

reiche Reservestoffe im Zellsaft gelöst. Die wichtigsten Bestandteile für die Brennerei sind die **Zucker**, sie bestimmen die Alkoholausbeute, denn sie werden über die Gärung in Alkohol umgewandelt. Glucose, Fructose und Saccharose bilden in unseren heimischen Obstarten die Hauptmenge. In den einzelnen Obstarten sind sie allerdings in unterschiedlichen Mengen zu finden. Fructose ist der wichtigste Zucker bei den Kernobstarten. Bei den Steinobstarten Pflaume und Zwetschge, Aprikose und Pfirsich ist es dagegen die Saccharose.
Theoretisch entstehen bei der Vergärung

- von 100 kg Fructose 64,4 l Alkohol
- von 100 kg Saccharose 67,8 l Alkohol

Eine besondere Rolle spielt der Zuckeralkohol Sorbit. Er kommt vor allem in Steinobstarten vor und kann dort bis zu 30 % des gesamten Zuckers betragen. Sorbit ist im Fruchtsaft gelöst und wird deshalb bei der Messung des Zuckergehalts miterfasst, er kann aber nicht vergoren werden und täuscht damit eine höher zu erwartende Ausbeute vor.
Stärke kommt vor allem bei unreifem Obst vor und stört bei der Verarbeitung in der Brennblase.
Die in unseren Obstarten vorkommenden **Pektine** sind ein Bestandteil der Zellwand und bilden im Mittel 30 % der Zellwandsubstanz. Der Pektingehalt in den Früchten beträgt 0,2–1,8 % und ist beim Apfel am höchsten. Der wasserlösliche Teil nimmt mit der Reife zu und erreicht beim Apfel zur Genussreife bis zu 50 % des Gesamtgehaltes. Pektine sind zwar für den Geliervorgang bei der Marmeladeherstellung wichtig, sie stören aber in der Obstbrennerei. Die Früchte geben ihren zuckerhaltigen Saft nicht vollständig ab, denn die Pektine sorgen für den Zusammenhalt der Fruchtwand. Die langen Pektinketten müssen daher durch die Zugabe eines Enzympräparats weiter abgebaut werden. Meist empfiehlt sich dieser Zusatz, denn die Maische gärt dann schneller und besser durch. Pektine haben auch für den Gehalt an Methanol im

späteren Destillat Bedeutung, denn das entsteht während der Gärung beim enzymatischen Abbau durch fruchteigene Enzyme. Man kann vereinfacht sagen, dass bei höherem Pektingehalt der Ausgangsfrucht auch das spätere Destillat mehr „methanolgefährdet" ist.

Säuren

In unseren Früchten kommen Säuren als Apfel-, Zitronen- oder Weinsäure vor. Das Verhältnis von Zucker zu Säure entscheidet über einen harmonischen Geschmack beim Frischverzehr. Bei der Destillation spielt das aber keine Rolle, da die Zucker ja vergärt werden. Der Säuregehalt ist allerdings beim Einmaischen als Schutz vor Verderb durch Bakterien wichtig. Säurearme Maischen, besonders Birnenmaischen, sollten deshalb angesäuert werden.

Aromastoffe

Für die Qualität eines Destillats sind diese Stoffe entscheidend. Unter Aromastoffen versteht man im Allgemeinen die flüchtigen Ausscheidungen der Früchte. Es sind aber auch die geschmacksbildenden Komponenten damit gemeint, zumal sie oft die gleiche chemische Zusammensetzung haben. Der Unterschied besteht im jeweiligen physikalischen Zustand. In Dampfform wirken sie über den Geruchssinn, in gelöster oder gebundener Form über die Geschmacksrezeptoren auf den Menschen ein. Aromen haben einen hohen ernährungsphysiologischen Wert, sie wirken zudem appetitanregend und fördern die Sekretion der Verdauungsdrüsen.

Die qualitative und quantitative Zusammensetzung der Aromastoffe sowie die Menge, die sich bilden kann, sind bei den einzelnen Obstarten und -sorten sehr unterschiedlich. Die wichtigsten Verbindungen sind Ester – beim Apfel fand man z. B. bis 95 verschiedene Ester. Auch die Anzahl der einzelnen Aromastoffe ist bei den verschiedenen Früchten unterschiedlich und kann z. B. beim Apfel bei über 350 liegen (Tab. 1). Diese werden aber meist erst im Verlauf der Fruchtreife geliefert. Daraus ergibt sich die

Tatsache, dass nur vollreife Früchte eingeschlagen werden sollten. Vergleicht man die Obstarten, so zeigt sich, dass die Aromen der Steinfrüchte mit Ausnahme der Pflaumen aus relativ wenigen Komponenten bestehen. Für das Aroma einer Frucht ist aber nicht nur die Anzahl, sondern auch die Menge der einzelnen Stoffe von Bedeutung. Die meisten Aromastoffe kommen nur in geringen bis sehr geringen Mengen vor. Die gesamtflüchtigen Mengen liegen zwischen 1 und 10 mg pro 100 g Frucht.

Entscheidend für den Geschmack und den Geruch ist die Wirkung der Aromastoffe auf die Sinnesorgane. Dabei ist zu beachten, dass die Reizschwelle der einzelnen Komponenten beim Menschen allgemein sehr unterschiedlich ist. Selbst die gleiche Person reagiert je nach Stimmungslage, aber auch je nach der Umgebung oder einer eingenommenen Speise unterschiedlich. Ganz wichtig ist auch die Temperatur des Getränks. Aromareiche Destillate sollten deshalb nie direkt aus dem Kühlschrank getrunken werden.

Den höchsten Aromawert hat Benzaldehyd. Dies ist eine farblose bis gelbliche Flüssigkeit mit bittermandelartigem Geruch. Der Geschmack des Benzaldehyds wird allgemein als charakteristisch marzipanartig, jedoch im Reinzustand auch als unangenehm brennend empfunden. In großer Verdünnung, hierbei vor allem mit Ethanol, tritt in zunehmendem Maße eine Wildkirschnote zum Aroma hinzu.

Trotz zahlreicher Untersuchungen ist es bis heute noch nicht gelungen, zwischen einem art- und sortentypischen Aroma und bestimmtem Aromastoffen eine Beziehung herzustellen. Entscheidend ist wahrscheinlich, dass ein Gemisch mehrerer Substanzen einen Aromakomplex bildet. Untersuchungen ergaben, dass es weniger die Aldehyde und Ketone als vielmehr ihre Ester sind, welche das Aroma bestimmen. Je nach Reifegrad sind sie bei Kernobst mit 75–95 % an den flüchtigen Stoffen beteiligt. Die Acetate haben bei Apfel und Birnen den weitaus größten Anteil (Pailard et al., 1970).

Die Biosynthese der Aromastoffe ist noch weitgehend ungeklärt. Als Entstehungsort der Aromastoffe wird die

Tab. 1: Im Aroma von Obstsorten nachgewiesene Ester und die Summe aller flüchtigen und nichtflüchtigen chemischen Stoffe (G. Friedrich und M. Fischer, 2000)

Obstart	Ester	Summe aller chemischen Stoffe
Apfel	95	275
Aprikose	7	45
Birne	79	129
Pfirsich	31	55
Pflaume	109	241
Mirabelle	62	130
Kirsche	15	56
Himbeere	20	110
Weinbeere	63	188

Schale angesehen. Von hier aus diffundieren diese sowohl nach außen als auch nach innen.

Faktoren, welche die Qualität beeinflussen

Die Fruchtqualität hängt von zahlreichen Faktoren ab. Einen guten Überblick geben Gerhard Friedrich und Manfred Fischer (2000) in ihrem Buch „Physiologische Grundlagen des Obstbaus“.

1. **Ertrag.** Ganz entscheidend für die Qualität der Früchte ist der Ertrag. Die in den Blättern gebildeten Assimilate werden, vereinfacht gesagt, auf die Anzahl der vorhandenen Früchte verteilt. Der Zuckergehalt nimmt deshalb mit zunehmendem Ertrag ab.
   Im Erwerbsanbau kann deshalb in den meisten Jahren nicht auf eine Ausdünnung verzichtet werden. Dies beginnt schon mit einer Blütenausdünnung und setzt sich bei Bedarf in der Fruchtausdünnung fort. Die Ausdünnung wurde früher meist per Hand vorgenommen. Sie ist aber heute zu teuer und wird weitgehend durch chemische oder maschinelle Ausdünnung ersetzt. Je früher ausgedünnt wird, desto besser ist dies für die Fruchtent-

wicklung. Bei Blütenausdünnung ist aber die Gefahr von Nachtfrösten zu beachten. In vielen Betrieben wird heute chemisch ausgedünnt. Es gibt zahlreiche ausdünnende Mittel. Die längsten Erfahrungen liegen mit Blütenausdünnungsmitteln mit Ethephon vor (Ethrel, Flordimex). Auch mit Harnstoff ist eine Ausdünnung möglich, ebenso mit ATS (Ammoniumthiosulfat), welches die Blütenorgane und Blätter verätzt. International am meisten bekannt ist der Einsatz von Naphthylessigsäure und Naphthylamid.
Im Streuobstbau kommt keines dieser Mittel zum Einsatz. Da die Handausdünnung viel zu teuer ist, besteht die einzige Möglichkeit einer Ausdünnung eigentlich nur im Schnitt der Bäume. Wenn ein guter Blütenansatz zu sehen ist, kann durch eine entsprechende Entfernung von Fruchtholz auf zu hohen Fruchtansatz eingewirkt werden. Dieser Rückschnitt ist auch noch nach der Blüte möglich.

2. **Klima und Witterung.** Diese beiden Faktoren haben nicht nur einen erheblichen Einfluss auf den Zuckergehalt der Früchte, sondern auch auf die Bildung der Aromastoffe. Es ist bekannt, dass die Menge der flüchtigen Aromastoffe von Jahr zu Jahr schwankt. Dies ist auf den unterschiedlichen Ablauf der Jahreswitterung und der damit im Zusammenhang stehenden Assimilationsleistung zurückzuführen. Die Witterung beeinflusst aber ebenfalls die Stoffumwandlungsprozesse. Die unzureichende Versorgung einzelner Früchte mit Assimilaten eines Baumes scheint die Ursache dafür zu sein, dass Schattenfrüchte ihr Aroma nur mangelhaft entwickeln. Es ist aber nicht grundsätzlich so, dass in Jahren mit hohem Zuckergehalt die Früchte auch das meiste Aroma haben. Bei unseren Untersuchungen bei Birnen mussten wir feststellen, dass in bestimmten Jahren auch bei niedrigem Zuckergehalt der Früchte diese sehr aromatisch waren. Die Ursache dafür ist nicht klar.
3. **Standort.** Unter unseren klimatischen Bedingungen spielt die Fotosyntheseleistung eine große Rolle für die

Stoffproduktion. Es ist aber nicht die absolute Größe der Fotosyntheserate entscheidend, sondern die Nettoassimilationsrate, denn nur diese steht den Pflanzen zur Verfügung. Sie ergibt sich aus der Fotosyntheserate abzüglich der Atmung. Dies ist ein temperaturabhängiger enzymatischer Prozess. Bei einer Temperaturerhöhung um 10 °C verdoppelt sich die Höhe der Atmung. Diese Zusammenhänge spielen bei der zunehmenden Erderwärmung eine immer wichtigere Rolle. Schon EDUARD LUCAS (1816–1882) stellte fest, dass in höheren Lagen das qualitativ bessere Obst wächst. Heute trifft das noch viel stärker zu. Bei hohen Sommertemperaturen von bis zu 35 °C oder noch mehr schließen die Pflanzen ihre Spaltöffnungen und assimilieren nicht mehr. In den folgenden sehr warmen Nächten mit Temperaturen von über 20 °C wird dann sehr viel veratmet, d. h. wir bekommen eine negative Assimilationsrate.

4. **Pflegemaßnahmen.** Die **Düngung** kann in erheblichem Maße die Versorgung der Früchte mit Assimilaten und auch die Qualität der Aromastoffsynthese beeinflussen. Mit steigenden Stickstoffgaben werden die Früchte in der Regel geschmackloser. Mit einer Kaliumdüngung kann meist ein positiver Einfluss erzielt werden. Auch eine bessere Versorgung mit Phosphor steigert die Produktion an flüchtigen Substanzen. Grundsätzlich haben wir das Problem, dass in den meisten Erwerbsanlagen der Nährstoffpegel an der oberen Grenze liegt, während die Streuobstbestände in den meisten Fällen total unterversorgt sind. Umfassende Untersuchungen in den Landkreisen Göppingen und Pforzheim bestätigten das. In vielen Beständen lagen Kalium- wie auch Phosphorgehalte an der Nachweisgrenze. Dass auch die Stickstoffversorgung leidet, lässt sich am zunehmenden Bestand von Klappertopf erkennen, einem Nährstoffmangelanzeiger. Viele Wiesen blühen im Frühjahr gelb, weil diese Schmarotzerpflanze überhandgenommen hat.

Nicht unerheblich können Aroma und Geschmack auch durch die Anwendung von Wachstumsregulatoren und Pflanzenschutzmitteln beeinflusst werden. Daher aber völlig auf den **Einsatz von Pflanzenschutzmitteln** zu verzichten, kann auch erhebliche Probleme bringen, wenn durch Schorfbefall und in den letzten Jahren zunehmend auch durch die Blattfallkrankheit Marssonina die Bäume zu Beginn des Septembers schon halb entlaubt sind. Die Fotosyntheserate und damit auch die Qualität der Früchte wird dadurch beträchtlich beeinflusst.

Auch andere Pflegemaßnahmen, wie z. B. der **Schnitt**, haben Einfluss auf die Qualität der Früchte. Eine verbesserte Belichtung im Kroneninneren führt zu weniger Schattenfrüchten. Viele Streuobstbestände sind in Bezug auf den Schnitt mangelhaft gepflegt. Hoffen wir, dass sich dieses durch Fördermaßnahmen, wie z. B. durch das Land Baden-Württemberg, ändert. Schnittmaßnahmen fördern auch das Wachstum und wirken damit der zunehmenden Vergreisung der Streuobstbäume entgegen, zudem können die schädlichen Misteln entfernt werden. Dieser Schmarotzer hat sich in den letzten zwei Jahrzehnten extrem ausgebreitet und führt bei starkem Befall zum Absterben der Bäume.

≡ Info

Die Mistel breitet sich auf unseren Apfelbäumen immer stärker aus. Eine Entfernung der Schmarotzerpflanze in Gemeinschaftsaktionen zur Säuberung der Gewanne ist dringend notwendig.

5. **Erntezeitpunkt.** Er hat einen wesentlichen Einfluss auf die Fruchtqualität. Im Reifeverlauf der Früchte unterscheidet man zwischen Baumreife und der Genussreife. Am Ende der Baumreife haben die Früchte das Stadium der Fruchtreife erreicht. Sie sind morphologisch voll ausgereift und lassen sich leicht vom Baum lösen. Im Verlauf der Genussreife bilden die Früchte die art- und sortentypischen Merkmale in Bezug auf Farbe und Geschmack, Aroma und Konsistenz aus. Sie erreichen einen Zustand, der vom Konsumenten als optimal empfunden wird. Die Zeitspanne zwischen der Pflückreife und der optimalen Genussreife ist genetisch bedingt und wird in der Praxis als Haltbarkeit bezeichnet. Bei den Steinobstarten sowie den Frühsorten des Kernobs-

Tab. 2: Einteilung der Früchte nach ihrem Atmungsverlauf (nach J.B. Biale 1960, gekürzt)	
Mit Klimakterium	**Ohne Klimakterium**
Apfel	Kirsche
Birne	Erdbeere
Pflaume	Weinbeere
Pfirsich	Orange
Aprikose	Zitrone

tes sind Pflückreife und Genussreife nahezu identisch. Die Herbstsorten erreichen ihre volle Genussfähigkeit erst nach 2–8 Wochen und die Wintersorten erst einige Monate nach der Pflücke.

Die Atmungsintensität der Früchte bleibt im Laufe ihrer Entwicklung nicht konstant. Im Stadium der Zellteilung ist sie sehr hoch und verringert sich dann zunehmend. Bei einigen Obstarten steigt sie nach der Baumreife wieder an, um dann nach Erreichen der vollen Genussreife wieder abzufallen. Dieser Wiederanstieg wird als **Klimakterium** bezeichnet und hat große Bedeutung bei der Behandlung der Früchte. Wir können nun unsere Obstarten in klimakterische und nichtklimakterische Früchte einteilen (Tab. 2). Klimakterische Früchte können **nachreifen**, d. h. sie können etwas früher gepflückt werden. Der Grad der Nachreife ist allerdings bei den einzelnen Obstarten sehr unterschiedlich, so ist diese bei den Steinobstarten nur gering, bei Birnen dagegen groß. Beim Einmaischen der Früchte sollte dies beachtet werden. Leider werden bei vielen Brennern auch Herbst- oder Wintersorten sofort nach der Ernte eingemaischt, anstatt sie zuvor noch einige Wochen nachreifen zu lassen. Nichtklimakterische Früchte reifen nicht nach, sie sollten deshalb möglichst bei optimaler Genussreife geerntet und sofort eingemaischt werden.

Das Brennen von Obst

Deutsches Brennrecht

Eine Besonderheit in Deutschland ist das Branntweinmonopol. Branntweinabgaben wurden in Deutschland bereits Anfang des 16. Jahrhunderts erhoben („Bornewyn-Zins“ der Stadt Nordhausen 1507). Der Steuersatz wurde entweder nach der eingesetzten Rohstoffmenge oder der Leistungsfähigkeit der Brennblase („Blasenzins“) erhoben. Zurückzuführen ist das deutsche Branntweinmonopol auf die preußische Alkohol-, Alkoholmarkt- und Agrarpolitik. Die ersten Bemühungen, ein Staatsmonopol zu schaffen, gehen zurück in die Zeiten Bismarcks, des ersten Reichskanzlers, der 1886 den ersten Entwurf eines Branntweinmonopols vorlegte. Im Jahre 1887 wurde nach Überwindung erheblicher politischer und wirtschaftlicher Gegensätze das **Reichsbranntweinsteuergesetz** verabschiedet. Damit waren zwei wesentliche Voraussetzungen für das spätere Branntweinmonopolgesetz geschaffen: die Beschränkung der Erzeugung (Kontingente) und der Verschluss der Brennereien (Plomben, Sammelgefäße, Messuhren).

Das von Kaiser Wilhelm II. am 26. Juli 1918 unterzeichnete **erste Branntweinmonopolgesetz** trat am 1. Oktober 1919 in Kraft. Die schwierige wirtschaftliche Zeit erforderte häufige Änderungen, weshalb es bald überarbeitet werden musste und am 8. April 1922 letztendlich das bis zum 31.12.2017 in Grundzügen gültige **zweite Branntweinmonopolgesetz** unterzeichnet wurde. Mit dem Gesetz versucht man die Herstellung von Alkohol zu kontrollieren und einzuschränken. Geregelt werden darin nicht nur die für Alkohol fällige Steuerhöhe, sondern auch Produktionsmengen und die Vergabe von Brennrechten.

In Deutschland gibt es Abfindungs- und Verschlussbrennereien. **Abfindungsbrennereien** gab es bisher nur in Süd-

und Südwestdeutschland und sind auf ein altes Recht von 1871 zurückzuführen. Hier wird die Menge des Branntweins, der aus einer bestimmten Menge Obst entsteht, amtlich geschätzt. Für jede Obstart ist ein bestimmter Ausbeutesatz festgelegt. Dieser beträgt z. B. bei Kirschen 5 l reiner Alkohol. Werden nun 100 l Maische dieser Obstarten angemeldet, so muss für 5 l reinen Alkohol Alkoholsteuer bezahlt werden. Es konnte aber auch die entsprechende Menge an die Bundesmonopolverwaltung zu einem Festpreis abgeliefert werden. Ist die Ausbeute aber höher, z. B. 6,5 l Alkohol pro 100 l Material, so verbleibt die Differenz von 1,5 l Alkohol als sogenannte steuerfreie Überausbeute beim Brenner bzw. Stoffbesitzer. Vor einer Destillation muss der Brand beim zuständigen Hauptzollamt angemeldet werden. Eine Abfindungsbrennerei kann nur betrieben werden, wenn man ein entsprechendes Brennrecht hat. Dieses war bisher handelbar.
Brennereien, die bisher mit ihrem Kontingent nur 50 l reinen Alkohol brennen durften, ist es ab 1. Januar 2018 erlaubt, maximal 300 l reinen Alkohol zu erzeugen. Für manche Betriebe reicht diese Menge nicht aus, es kann dann eine **Verschlussbrennerei** eingerichtet werden. In dieser können bis zu 400 l reiner Alkohol steuerbegünstigt erzeugt werden. Mit Überschreitung dieser Menge ist der reguläre Alkoholsteuersatz fällig. Die Brennereianlagen sind mit Plomben und Siegeln verschlossen und der gewonnene Alkohol wird über eine Messuhr bzw. ein Sammelgefäß mengenmäßig erfasst.
In Süddeutschland gab es bisher noch ein besonderes Recht für die **Stoffbesitzer**. Ein Stoffbesitzer hat kein eigenes Brenngerät, er kann sein eingemaischtes Obst aber in einer fremden Brennerei verarbeiten lassen, dabei dürfen in einem Jahr nicht mehr als 50 l reiner Alkohol hergestellt werden. Dieses Obst muss von eigenen oder gepachteten Grundstücken stammen.

Das neue Brennrecht

≡ Info

„Brennrechte“ müssen nicht mehr erworben werden, sondern werden beim Erfüllen der Auflagen vom zuständigen Zollamt auf Antrag erteilt.

Am 31.12.2017 wurde das **Branntweinmonopolgesetz aufgehoben**, daraus ergaben sich verschiedene Änderungen für Abfindungsbrennereien und Stoffbesitzer.
Der Begriff Branntweinsteuer wurde durch Alkoholsteuer ersetzt. Bisher konnte man den erzeugten Alkohol an das Branntweinmonopol zu festgesetzten Preisen abliefern. Dies ist in Zukunft nicht mehr möglich, d. h. die gewonnene Alkoholmenge muss selbst vermarktet werden. Nach dem alten Gesetz konnte man eine Abfindungsbrennerei nur betreiben, wenn man ein Brennrecht hatte. Diese Brennrechte müssen nun nicht mehr zugekauft werden, sondern das Recht kann von dem zuständigen Zollamt auf Antrag deutschlandweit zugeteilt werden. Dazu ist eine alkoholsteuerrechtliche Erlaubnis notwendig. Die Erlaubnis wird an Personen erteilt, die steuerlich zuverlässig sind und ein wirtschaftliches Bedürfnis nachweisen können. Dieses ist erfüllt, wenn der Antragsteller einen landwirtschaftlichen Betrieb mit einer bestimmten Mindestgröße hat (3 ha oder 1,5 ha Intensivanbau) und wenn bei diesem ausreichend zulässige Rohstoffe anfallen. Für bestehende Abfindungsbrennereien erfolgt eine automatische Erteilung. Alle Abfindungsbrennereien dürfen in Zukunft auch stärkehaltige Rohstoffe verarbeiten und das bestehende Jahreskontingent wurde einheitlich auf 300 l reiner Alkohol ausgeweitet. Vor 2018 war in Abfindungsbrennereien nur ein Brennblasenvolumen von 150 l zugelassen und die Anzahl der Destillierböden war auf maximal drei begrenzt. Mit dem Wegfall des Branntweinmonopols sind die Brennblasengröße sowie auch die Anzahl der Destillierböden nicht mehr vorgeschrieben. An den bisherigen Steuersätzen von 10,22 € pro Liter reiner Alkohol für Abfindungsbrennereien sowie 13,03 € für Verschlussbrennereien hat sich nichts geändert.

≡ Info

Das Kontingent bei Abfindungsbrennereien ist nun einheitlich auf 300 Liter reiner Alkohol pro Brennjahr begrenzt. Für das Brennblasenvolumen sowie die Anzahl der Destillierböden gibt es keine Begrenzungen mehr.

Geiste auf Basis von Neutralalkohol landwirtschaftlichen Ursprungs, welcher bereits mit 13,03 €/l reiner Alkohol versteuert wurde, dürfen unbegrenzt auf einem Abfindungsbrenngerät gebrannt werden. Die Herstellung eines

Geistes muss ebenfalls dem Hauptzollamt in Form einer Feinbrandanmeldung angezeigt werden. Erst mit der Genehmigung des jeweiligen Brandes vom Hauptzollamt darf die Anlage in Betrieb genommen werden. Prinzipiell gilt: Jedes Erwärmen der Brennblase muss dem Hauptzollamt mitgeteilt werden, dies gilt auch für Reinigungsprozesse, Maischebereitung (Getreide) und Digerate (Alkoholauszüge), die in der Brennblase angesetzt werden. Für Stoffbesitzer gelten weiterhin 50 l reiner Alkohol als Grenze. Das Recht für Stoffbesitzer wurde aber auf ganz Deutschland ausgedehnt. Das System der Pauschalbesteuerung nach festgelegten Ausbeutesätzen bleibt für Abfindungsbrennereien und Stoffbesitzer weiterhin bestehen. Informationen finden sich unter www.zoll.de/DE/Fachthemen/Steuern/.../fachmeldungen_node.html.

Ausbeutesätze für Abfindungsbrenner und Stoffbesitzer

Mit dem vollständigen Inkrafttreten von Alkoholsteuergesetz und Alkoholsteuerverordnung wurde ab dem 1. Januar 2018 das bisher weitgehend auf den süddeutschen Raum beschränkte Abfindungsbrennen bundesweit möglich. Hierbei wird für Abfindungsbrenner und Stoffbesitzer der gewonnene Alkohol pauschal aus der Menge der Rohstoffe, die zur Alkoholgewinnung eingesetzt werden dürfen, aus einem festgelegten amtlichen Ausbeutesatz ermittelt. Der Ausbeutesatz ist die Alkoholmenge, die bei nichtmehligen Stoffen aus einem Hektoliter der Stoffe gewonnen wird. Für bestimmte Rohstoffe waren amtliche Probebrände, unter Zollaufsicht, die Grundlage der Besteuerung. Für die wichtigsten Obstarten sind diese in Tabelle 1 angegeben. Die Ausbeutesätze von Wildobst, Beeren u. a. können aus dem Internet heruntergeladen werden unter www.zoll.de/DE/Fach themen/Steuern/.../fachmeldungen_node.html.
Der Steuersatz für von Stoffbesitzern innerhalb der zugelassenen Erzeugungsgrenze von 50 l reiner Alkohol beträgt zurzeit 10,22 € je Liter reinen Alkohols. Hierbei handelt es sich um einen ermäßigten Steuersatz. Der

≡ Info

Für Stoffbesitzer gelten weiterhin 50 l reiner Alkohol als Höchstmenge. Das Recht der Stoffbesitzer wurde aber auf ganz Deutschland ausgedehnt.

Tab. 3: Zuckergehalt von Obst, Alkoholausbeuten aus Obstmaischen und Ausbeutesätze

Rohstoff	Zuckergehalt (in %)		Ausbeute (LA pro 100 kg Rohstoff)		Ausbeutesätze LA Zoll
	Streubereich	Mittelwert	Streubereich	Mittelwert	
Apfel	6–15	10	3–6	5	3,6
Aprikosen	4–14	7	3–7	4	3,5
Birnen	6–14	9	3–6	5	3,6
Brombeeren	4–7	5,5		3	2
Fallobst (Kernobst)	2–5			2,5	3,6
Himbeeren	4–6	5,5		3	2
Süßkirschen	6–18	11	4–9	6	5
Sauerkirschen	6–16	10	4–8	6	3,5
Pfirsiche	7–12	8	3,5–6	4,7	3,5
Pflaumen	6–15	8	4–8	4,7	3,9
Quitten	4–8	6	2,5–4	3	2,6
Zwetschgen	8–15	10	4–8	6	4,6

LA = Liter Alkohol; LA Zoll = Liter Alkohol zu versteuern

Regelsteuersatz beträgt derzeit 13,03 € je Liter reinen Alkohols.

Einmaischen von Obst

Früchte, die man destillieren möchte, müssen zuerst eingemaischt werden, bevor sie dann vergoren werden. Wichtig ist, dass die Früchte sauber sind, sie sollten gründlich mit Wasser gewaschen werden. Auch alles angefaulte Obst muss entfernt werden, denn das mindert die Qualität des Brandes. Das Zerkleinern der Früchte ist notwendig, damit Zucker und andere Nährstoffe aus den Zellen freigesetzt werden und der Zucker von der Hefe vergoren werden kann. Das Zerkleinern kann mit bestimmten Maschinen geschehen, z. B. einer Obstmühle. Steinobst kann

Tab. 4: Ausbeutesätze aus Wildobstarten

Rohstoff	Ausbeutesätze LA Zoll
Kirschpflaumen	3,5
Zibarten	3,5
Schlehen	2,0
Kornelkirsche	3,5
Holunder	2,0
Vogelbeeren und Speierling	2,0
Mispel	2,6
Wacholderbeeren	2,0

LA Zoll = Liter Alkohol zu versteuern

auch mithilfe eines Rühr- und Schneidegeräts, z. B. dem Kirschenquirl zerkleinert werden. Wichtig ist, dass die Steine nicht zerstört werden, da sonst Cyanide (Blausäure) und daraus resultierendes Ethylcarbamat ins Destillat gelangen kann. Wird die Menge an Steinen reduziert, sinkt auch der Gehalt an Blausäure, jedoch fehlt den Destillaten meist der typische Bittermandelton, welcher von vielen Kunden in Steinobstbränden erwünscht ist. Eine gute Alternative, um fruchtige Destillate mit leichter Bittermandelnote zu erhalten, ist es, die Steinobstmaische zu passieren und anschließend bis zu einem Drittel der Steine der Maische wieder hinzuzugeben. Manche Brenner fügen auch unentsteinte Früchte zu.

Stiele und das Kernhaus können sich negativ auf das spätere Destillat auswirken, dies ist vor allem bei Birnen (besonders bei der Sorte 'Williams Christ') der Fall, weshalb viele Brenner die Stiele und das Kernhaus entfernen. Bei kleinen Mengen geschieht dies oft von Hand, was mit einem erhöhten Arbeitsaufwand verbunden ist. Für größere Mengen lohnt sich eine sogenannte Passiermaschine.

Nach dem Aufschluss des Obst können pektolytische Enzympräparate zur Verflüssigung der Maische hinzugegeben werden. Diese Enzyme verringern die Viskosität und die Maische wird flüssiger und kann besser vergoren wer-

≡ Info

Die Sorgfalt beim Einmaischen trägt maßgeblich zur späteren Destillatqualität bei.

den. Um eine Infektion der Maische mit schädlichen Bakterien und Mikroorganismen zu verhindern ist der pH-Wert der Obstmaische mit Kombisäure oder verdünnter Schwefelsäure auf einen Wert von 2,9–3,0 einzustellen. Der pH-Wert kann mit pH-Wert-Indikatorstäbchen oder einem pH-Meter kontrolliert werden, wichtig ist, darauf zu achten, dass die Maische sorgfältig gerührt wird. Um eine homogene Maische zu gewährleisten. Bei sehr dunklen Maischen, besonders bei Kirschen, lässt sich der pH-Wert nur schwierig mit Indikatorstreifen bestimmen, hier wäre ein pH-Meter von Vorteil. Nach dem Senken des pH-Werts kann der Maische die vorher in Wasser angerührte Reinzuchthefe hinzugegeben werden.

Das Maischefass wird verschlossen und mit einem Gäraufsatz (Gärspund) versehen. Das bei der Gärung entstehende CO_2 kann dann durch den Gäraufsatz entweichen. Ohne diesen kann ein gefährlicher Überdruck im Fass entstehen. Der Gärspund wird bis zur Markierung mit der Sperrflüssigkeit gefüllt, in der Regel mit Wasser oder einer 1- bis 2%igen Schwefelsäure. Die Sperrflüssigkeit ist wichtig, um ein Eindringen von Sauerstoff ins Gärfass zu vermeiden. Kommt Sauerstoff an die Maische, können Schimmel und Essigsäure entstehen, welche sehr unangenehme Fehlaromen im Destillat verursachen können. Am nächsten Tag kann das Fass nochmals geöffnet, der Tresterhut untergerührt und der pH-Wert kontrolliert werden. Danach sollte das Fass bis zum Brenntermin nicht mehr geöffnet werden, um eine Belastung der Maische mit Essigsäure oder Schimmel zu vermeiden. Je nach gewünschter Gärtemperatur ist die passende Reinzuchthefe zu wählen (siehe Herstellerangaben). Idealerweise ist eine Gärtemperatur von 16–18 °C anzustreben. Es sollte möglichst vermieden werden, oberhalb von 20 °C zu vergären, da sich dies negativ auf das Aroma sowie die Ausbeute auswirken kann.

Zum Einmaischen gibt es verschiedene Gefäße, am bekanntesten sind blaue Kunststofffässer, die in verschiedenen Größen von 30–220 l erhältlich sind. Bei der Mai-

Kirschen vor und nach der Bearbeitung mit dem Kirschenquirl.

schebereitung ist darauf zu achten, dass mindestens 20 % des Füllvolumens als Steigraum der Maische berücksichtigt wird. Maischefässer oder Gärfässer haben im Deckel eine Bohrung für den Gäraufsatz, dieser ist für die Gärung unersetzlich.

Wer größere Mengen Obst verarbeiten möchte, kann auf Gärtanks aus Edelstahl zurückgreifen. Diese sind aber deutlich kostenintensiver als die gängigen Kunststoffgärfässer. Edelstahltanks gibt es in den verschiedensten Ausführungen und Größen. Gärtanks mit Doppelmantel oder Berieselung eignen sich hervorragend, um die Gärtemperatur steuern zu können (temperaturgesteuerte Gärung).

Die Gärung

Im Obst sind verschiedene Zucker vorhanden, wie Fructose, Glucose und Saccharose. Diese Zucker können mithilfe von Hefen zu Alkohol vergoren werden. Aus 100 kg Fructose oder Glucose entstehen 64,4 l Alkohol und aus 100 kg Saccharose 67,8 l.
Die am weitesten verbreitete Hefe in der Herstellung von alkoholischen Getränken ist *Saccharomyces cerevisiae*. Hefen sind in der Lage ihren Stoffwechsel mit und ohne Sauerstoff zu betreiben. Hat die Hefe Sauerstoff zu Verfügung, vermehrt sie sich, gärt aber nicht.
Ist kein Sauerstoff vorhanden, stellt die Hefe ihren Stoffwechsel um: Sie fängt an zu gären, aus vergärbaren Zuckern werden hauptsächlich Ethanol und Kohlendioxid gebildet.

Die Gärung der Hefe kann man grob in drei Phasen unterteilen:

- **Angärphase:** In der Maische ist Sauerstoff, der Stoffwechsel der Hefe ist aerob (mit Sauerstoff), die Hefe vermehrt sich.
- **Hauptgärung:** Der Sauerstoff ist aufgebraucht, die Hefe stellt ihren Stoffwechsel auf anaerob (ohne Sauerstoff) um, die Gärung beginnt. Es entstehen Ethanol und Kohlendioxid sowie geringe Mengen Gärungsnebenprodukte.
- **Nachgärung:** Die vergärbaren Zucker sind fast aufgebraucht, die CO_2-Bildung nimmt ab, die Gärung kommt zum Erliegen

Gute Bedingungen für die Hefe

Überall in der Natur findet man Hefen, so ist auch Obst überzogen mit Bakterien und Hefen, die man durch einfaches Waschen nicht komplett entfernen kann. Man unterscheidet zwischen den gärstarken Reinzuchthefen, wilden Hefen und „Kahmhefen“. In den Maischen, welche spontan vergoren werden, überwiegen die wilden Hefen. Bei der Spontangärung produzieren diese wenig Alkohol, da sie bereits bei niedrigen Alkoholkonzentrationen gehemmt werden und aufhören zu „arbeiten“. Mit dem unvergorenen Restextrakt können andere Mikroorganismen ihren Stoffwechsel betreiben. Ein Wachstum von unerwünschten Mikroorganismen ist die Folge. Bei der Spontangärung werden deutlich mehr Gärungsnebenprodukte gebildet, z. B. Essigsäure und Acetaldehyd, die sich negativ auf das Aroma des Destillats auswirken. Essigsäure verestert sich mit Ethanol zu Essigsäure-Ethylester, welcher als Vorlaufton oder Uhu-Ester bekannt ist. Die Folge: Es fällt bei spontan vergorenen Maischen deutlich mehr Vorlauf an. Die Ausbeute und Qualität des Destillats ist ebenfalls geringer als bei Maischen, die mit Reinzuchthefe vergoren wurden. Für eine saubere und sichere Gärung ist es wichtig, solche Bedingungen zu schaffen, dass nur die erwünschten Hefen ihren Stoffwechsel betreiben. Dies geschieht durch das Einstellen eines bestimmten pH-Werts und durch die Zugabe einer Reinzuchthefe. Diese gehören in der Regel zur Art *Saccharomyces cerevisiae*. Für das Vergären von Obstmaischen kann man spezielle Brennereihefen kaufen. Diese haben eine hohe Alkoholtoleranz und können bis zu einem Alkoholgehalt von 15 % gären. Auf 100 l Maische werden im Allgemeinen 20 g Hefe zugesetzt, die man zuvor in lauwarmem Wasser gelöst hat. Bei einer empfohlenen Gärtemperatur von 14–18 °C ist die Maische innerhalb von 4–6 Wochen vergoren. Wird zu viel Hefe zugegeben, kann ein Hefebodensatz entstehen, welcher besser nicht mitgebrannt wird, da ein seifiger Hefeton Fruchtaromen überlagern könnte.

Bestimmung der Endvergärung

Im Verlauf der Gärung nimmt der Zuckergehalt in der Maische laufend ab, der Alkoholgehalt dagegen zu. Wie prüft man nun, ob der Zucker gänzlich vergoren ist? Die Prüfung auf Endvergärung kann mithilfe eines Saccharimeters (Zuckerspindel) bestimmt werden. Der Endvergärungsgrad ist aber von der Obstart und auch der Sorte ab-

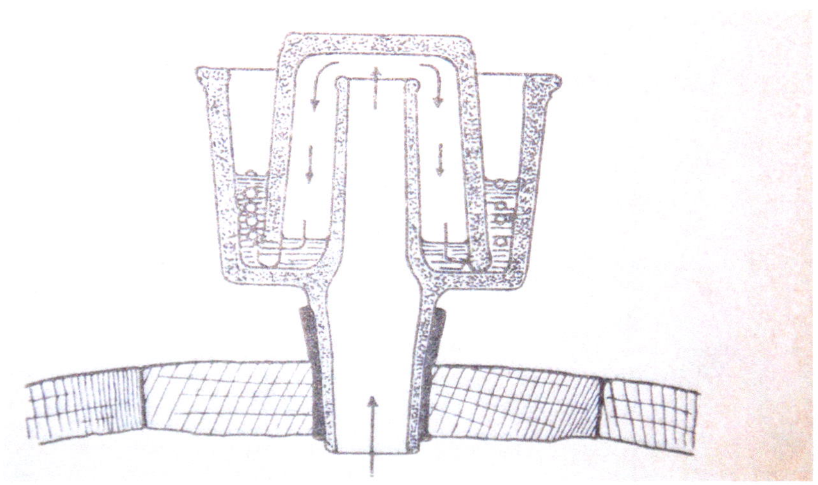

Der Gärspund lässt das bei der Gärung gebildete CO_2 entweichen, verhindert aber den Zutritt von Luft.

hängig. Aus Erfahrung weiß man, dass Apfelmaischen bei 0,5–5 °Oe, Birnen bei 5–15 °Oe, Kirschen bei 10–20 °Oe und Zwetschgen bei 15–20 °Oe endvergoren sind. Mithilfe von Restzucker-Schnelltests, die im Fachhandel erhältlich sind, lässt sich der Vergärungsgrad einfach bestimmen. Das Messprinzip beruht auf einer Farbreaktion, welche mit einer Farbskala, die dem Test beiliegt, verglichen werden kann. In der Regel ist der Farbumschlag leicht zu erkennen. Probleme kann es allerdings bei sehr dunklen Maischen geben, wie z. B. bei dunklen Kirschensorten.

Tipp: Zeigt sich keine Aktivität mehr am Gärspund oder Gärröhrchen ist dies ein Anzeichen, dass die Gärung abgeschlossen ist.

Nach Ende der Gärung sollte die Maische zügig gebrannt werden, da eine lange Maischestandzeit meistens zu Qualitätseinbußen und auch zu einer Infektion der Maische führen kann.

≡ Info

Eine Endvergärung ist erreicht:

- beim Apfel bei 0,5–5 °Oe
- bei Birne bei 5–15 °Oe
- bei Kirschen bei 10–20 °Oe
- bei Zwetschgen bei 15–20 °Oe

Destillation

Die Destillation wird auch als Brennen bezeichnet, es ist ein thermisches Trennverfahren, um leichter siedende Komponenten von schwerer siedenden zu trennen. Die Ausgangsflüssigkeit wird bis zum Siedepunkt erhitzt, der aufsteigende Dampf wird im Kühler (Kondensator) wieder verflüssigt.

Alkoholgehalt und Anreicherung

Obstmaischen haben in der Regel Alkoholgehalte zwischen 2 und 7 Vol.-%, je nach verwendeter Obstart und -sorte. Bei Birnen und besonders bei Steinobst kann dieser aber auch deutlich höher liegen. Der Siedepunkt von Ethanol liegt bei 78,3 °C, der von Wasser hingegen bei 100 °C. Wird Ethanol mit Wasser gemischt, liegt der Siedepunkt der Alkohol-Wasser-Mischung (AWM) zwischen 78,3 und 100 °C. Je höher der Wasseranteil umso höher die Siedetemperatur. Wird die AWM bzw. Maische auf diese Temperatur erhitzt, siedet die Flüssigkeit. Wassermoleküle haben aufgrund der Wasserstoffbrückenbindung die Tendenz, sich „festzuhalten", wodurch es in der Dampfphase zu einer Anreicherung von Ethanol kommt – der Alkoholgehalt in der Dampfphase steigt an. Diese Anreicherung, auch Verstärkung genannt, wird von Destillation zu Destillation geringer.
Als Beispiel: Eine Alkohol-Wasser-Mischung (AWM) oder Getreidemaische mit 10 Vol.-% Alkohol wird destilliert. Es entsteht bei der ersten Destillation ein Destillat mit 32,7 Vol.-% Alkohol (Verstärkungsfaktor 3,27). Wird dieses Destillat erneut destilliert, enthält das daraus resultierende Destillat einen Alkoholgehalt von 58,3 Vol.-% (Verstärkungsfaktor 1,78).

Tab. 5: Ethanolkonzentration von Flüssigkeit und Destillat sowie Verstärkung der Ausgangsflüssigkeit		
Ethanol-Konz. der Flüssigkeit in Vol.-%	**Ethanol-Konz. des Destillats in Vol.-%**	**Verstärkungsfaktor**
10,0	32,7	3,27
32,7	58,3	1,78
58,3	74,8	1,28
74,8	83,2	1,11
83,2	87,3	1,05

Wird das Destillat der zweiten Destillation ein drittes Mal destilliert, entsteht ein Destillat mit 74,8 Vol.-% (Verstärkungsfaktor 1,28).

Mit jeder Destillation steigt der Alkoholgehalt im Destillat, die Verstärkung bzw. Anreicherung sinkt aber tendenziell mit jeder weiteren Destillation (Tab. 4). Je früher die Destillation abgebrochen wird, desto höher ist der Alkoholgehalt des Destillats. Bei frühzeitigem Beenden des Brandes sinkt aber die Gesamtausbeute.

Destillationsverfahren

In der Brennerei unterscheidet man grundlegend zwei Destillationsverfahren: zum einen das klassische Roh- und Feinbrand-Verfahren, nur über Helm und Geistrohr, welches in der Herstellung von Cognac und schottischem Whisky noch sehr verbreitet ist, und die Rektifikation, auch Gegenstromdestillation genannt, mit Destillierböden in einer Verstärkerkolonne.

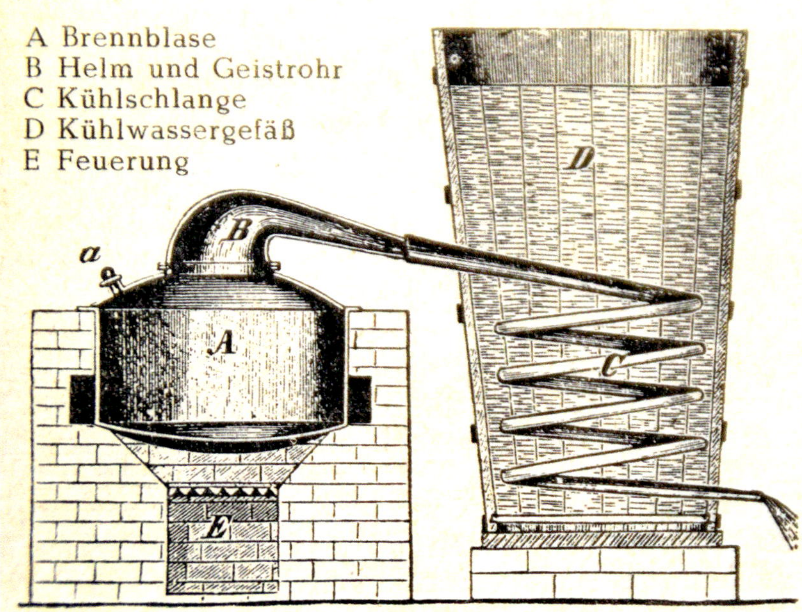

Einfachstes Brenngerät.

Roh- und Feinbrand-Verfahren

Bei diesem Verfahren werden sehr traditionelle Destilliergeräte verwendet. Sie sind mit einer Brennblase (evtl. mit Rührwerk), Helm, Geistrohr und Kühler ausgestattet.
In der Regel sind 2–3 Rohbrände nötig, um einen Feinbrand herzustellen. Der Brennvorgang wird ab einem Alkoholgehalt von 5–10 Vol.-% an der Vorlage abgebrochen, da eine längere Destillationsdauer energetisch unwirtschaftlich wäre. Mit dem Rohbrand werden flüchtige von nichtflüchtigen Stoffen getrennt. Die Rohbrände mit einem Alkoholgehalt von 25–35 Vol.-% werden in die Brennblase gegeben und im Feinbrand nochmals gebrannt.
Das Aufheizen der Brennblase sollte relativ langsam erfolgen, um eine bessere Trennung von gewünschten und un-

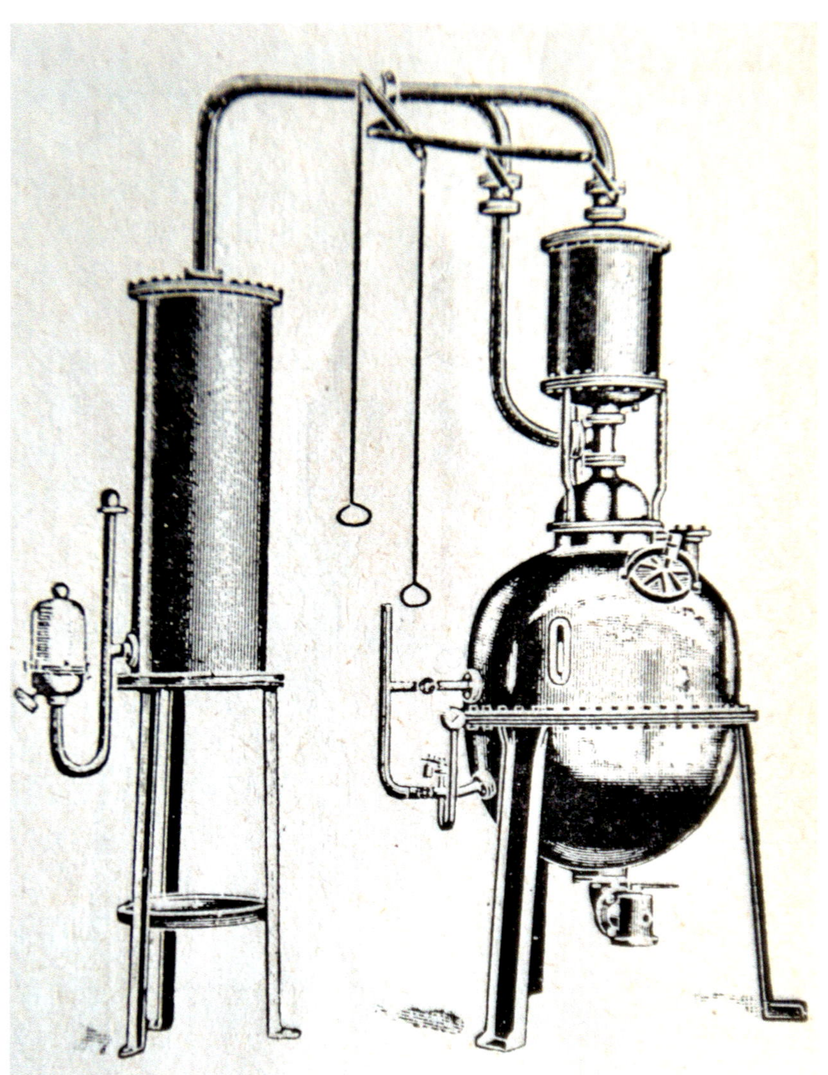

Historisches Brenngerät: Dampfbrennapparat (Fa. A. Ziehmann).

Historisches Brenngerät: Universal-Vakuumdestillierapparat (Fa. Jacob Carl, Göppingen).

erwünschten Komponenten zu gewährleisten. Eine langsame Destillation ermöglicht eine bessere Fraktionierung in Vor-, Mittel- und Nachlauf. Die Alkoholkonzentration sowie die Alkoholausbeute von Bränden, die mittels Roh-Feinbrand-Verfahren hergestellt wurden, ist geringer als von Bränden, die rektifiziert wurden. Dies ist dadurch begründet, dass es zu keinem Rückfluss während der Destillation durch einen Dephlegmator kommt. Ebenso ist die Trennung aufgrund fehlender Destillierböden weniger effektiv.

Roh- und Feinbrand-Verfahren
Mit dem Rohbrand wird aus der Maische ein Rohbrand bzw. ein Destillat gewonnen.
Mit dem Feinbrand wird der Rohbrand verstärkt und es erfolgt die Fraktionierung in Vor-, Mittel- und Nachlauf.

Rektifikation (Gegenstromdestillation)

Weit verbreitet in Deutschland sind Destilliergeräte mit einer Verstärkerkolonne. Diese Destilliergeräte sind in der Regel mit Brennblase inkl. Rührwerk, Verstärkerkolonne mit Destillierböden und Dephlegmator, Katalysator, Geistrohr und Kühler ausgestattet.
Hauptbauteil ist die Verstärkerkolonne mit den sogenannten Destillierböden. Die gängigsten Destillierböden sind Glocken- oder Siebböden. Oberhalb der Destillierböden befindet sich der Dephlegmator. Dieser wird mit Wasser gespeist und kühlt innerhalb der Verstärkerkolonne den aufsteigenden Dampf. Leicht siedende Komponenten passieren dampfförmig den Dephlegmator, schwerer siedende, unerwünschte Komponenten wie Fuselalkohole und Wasser kondensieren am Dephlegmator und fließen über die Destillierböden zurück in die Brennblase. Durch das Kondensieren unerwünschter Inhaltsstoffe am Dephleg-

mator steigt der Alkoholgehalt in der Dampfphase, das Destillat läuft aus der Vorlage mit höherem Alkoholgehalt. Jeder eingeschaltete Destillierboden kann mit einem Destillierprozess im klassischen Sinn „verglichen" werden. Mit der Gegenstromdestillation ist es möglich, ein fertiges hochprozentiges Destillat von etwa 85 Vol.-% in einem Brennvorgang herzustellen. Die Mittellaufausbeute ist größer und der Anteil an unerwünschten Fuselalkoholen geringer. Unerwünschte Komponenten, z. B. Nachlaufkomponenten, können durch den Rückfluss innerhalb der Kolonne besser abgetrennt und in den Nachlauf geschoben werden.
Die Fraktionierung in Vor-, Mittel- und Nachlauf sollte bei der Rektifikation ebenfalls sensorisch erfolgen. Bei der Rektifikation ist der Alkoholgehalt , welcher mit einer Alkoholspindel in der Vorlage bestimmt werden kann, relativ lang hochprozentig und fällt am Ende des Brennvorgangs (Nachlauf) schlagartig ab. Dies ist ein Zeichen, dass nahezu der gesamte Alkohol aus der Maische gewonnen wurde. Die Destillationsdauer eines Brennvorgangs sollte relativ lang gewählt werden, damit eine zufriedenstellende Reinigung innerhalb der Verstärkerkolonne gewährleistet werden kann. Eine Destillationsdauer von 2–2,5 Stunden bei einer 150-Liter-Brennblase ist keine Seltenheit. Ein Brennvorgang sollte jedoch nicht extrem in die Länge gezogen werden, um einen Kochton im Destillat, der vor allem bei sehr alten, direktbefeuerten Destilliergeräten auftritt, zu vermeiden.

Rektifikation
Die Destillation bzw. Rektifikation ist ein Trennverfahren bzw. ein Reinigungsprozess von erwünschten und unerwünschten Aromakomponenten.

Kolonnenbrennerei.

Verfahrensschema Brennen von Obst bei der Gegenstromdestillation:
Kühlwasserhahn öffnen → Befüllen der Brennblase → Antischaum hinzugeben → Einstellen der Destillierböden → Füllen der Destillierböden mit Wasser → Einschalten des Rührwerks → Aufheizen der Brennblase auf Siedetemperatur des eingefüllten Rohstoffs → Kolonne 15–20 Minuten ins Gleichgewicht fahren → Fraktionieren in Vor-, Mittel- und Nachlauf → nach Nachlaufgewinnung Beheizung der Brennblase beenden → Brennblase entleeren → Destillierböden öffnen und Anlage spülen → Brennblase leerlaufen lassen → Dephlegmator vor dem nächsten Brand herabkühlen.

Destillatlagerung

Die Destillatreifung ist ein wichtiger Prozess in der Herstellung von hochwertigen Destillaten. Sie sollte deshalb in Edelstahlgefäßen oder Glasballons erfolgen. Wichtig ist, dass der Luftraum so gering wie möglich bemessen wird und die Lagergefäße dicht verschlossen werden, um den Verlust von gewünschten Aromen sowie Oxidationsprozesse zu minimieren. Der Lagerort sollte möglichst gleichbleibende kühlere Temperaturen aufweisen. Ideal ist ein dunkler, kühler Raum mit konstanter Temperatur. Das Herabsetzen auf Trinkstärke (siehe Kap. „Fertigstellung von Destillaten“, Seite 58) sollte erst nach der Lagerung erfolgen.

Über die Lagerung und Reifung von Destillaten gibt es verschiedene Ansichten. Dies ist meist darauf zurückzuführen, dass sich die einzelnen Obstarten und -sorten unterschiedlich verhalten. Fruchtige Destillate aus Aprikosen, Pfirsichen, der Quitte oder auch der 'Williams-Christ-Birne' ergeben meist nach kurzer Reifedauer bereits genießbare Destillate. Destillate von anderen Obstarten oder -sorten brauchen aber eine gewisse Lagerung und entwickeln ihr volles Aroma erst nach 6–9 Monaten oder sogar später. In der Destillatreifung entstehen komplexe chemische Veränderungen und Veresterungen der Inhaltstoffe des Destillats. Die Veresterung und Acetalisierung im Reifeprozess verleiht dem Brand ein abgerundetes, harmonisches Aroma. Hierzu tragen auch oxidative und nichtoxidative Reaktionen zusätzlich bei.

Empfehlenswert ist in der Regel eine Reifedauer von 6–12 Monaten von Edelbränden. In dieser Reifezeit wird der Brand harmonisch. Junge Destillate wirken oft kratzig und scharf, auch das Fruchtaroma profitiert von einer sechsmonatigen, hochprozentigen Lagerung, je höher der Alkoholgehalt, desto schneller die Reifung. Sensorisch sind gelagerte Destillate ausgewogener und sanfter im Abgang, sofern die Maische aus guter Rohware hergestellt wurde.

Immer häufiger werden Destillate auch in Holzfässern gelagert, meist sind das Erzeugnisse aus weniger aromatischen Früchten. Die Lagerung im Holzfass führt zu einer Harmonisierung der Endprodukte durch die Inhaltsstoffe des Holzes und durch den Sauerstoff. Wichtig ist bei holzfassgelagerten Obstbränden, dass der Einfluss des Holzfasses den Brand unterstützt und nicht überdeckt. Das Herstellen eines hochwertigen Edelbrandes im Holzfass ist sehr anspruchsvoll. Häufig werden Edelbrände in Limousin-Eiche ausgebaut, aber auch Holzfässer aus Kastanie oder Maulbeere eignen sich hervorragend für die Herstellung fassgelagerter Brände. Die Wahl des Fasses muss zum Destillat passen, um ein harmonisches Produkt herzustellen.

Fertigstellung von Destillaten

Herabsetzen von Destillaten auf Trinkstärke

Der bei der Destillation gewonnene Alkohol ist hochprozentig und muss mit Wasser von Trinkwasserqualität (TrinkwV 2001), welches nicht mehr als 3 °dH (Grad deutsche Härte) haben darf, auf Trinkstärke herabgesetzt werden. Wird zu hartes Wasser verwendet, so kann es in den fertigen Spirituosen zu Trübungen kommen. Wichtig dabei ist, dass das enthärtete Wasser in den hochprozentigen Alkohol gegeben wird und nicht anders herum. Das Verschnitt-Wasser kann mit einem Wasserenthärter (Kationenaustauscher) enthärtet werden.

Filtration

In der Regel werden Destillate einer Kühlfiltration unterzogen. Dies ist notwendig, um dem Endverbraucher ein komplett klares Produkt, selbst bei unsachgemäßer kalter Lagerung, zu gewährleisten. Durch das Kühlen der Spirituose sinkt die Löslichkeit vor allem höherer Alkohole, Fette und langkettiger Verbindungen fallen aus und es entstehen Trübungen. Vor der Filtration sollten die Destillate deshalb einige Tage bei 2 bis 4 °C gelagert werden. Eine Kühlfiltration hat jedoch nicht nur Vorteile. Wird das Produkt sehr stark herabgekühlt, fallen nicht nur negative

Bestandteile des Destillats aus, sondern auch maßgebliche Aromakomponenten, die wertgebend für den Geschmack des Destillats sind. Das betrifft vor allem Williams-Destillate. Steinobstdestillate dagegen sind kaum betroffen. Wird ein Destillat zu kalt filtriert, verliert der Brand wertvolle Fruchtaromen! Sinnvoll ist es, Obstbrände bei einer Temperatur von 2–4 °C zu filtrieren. Die Trübungen können so entfernt werden und die gewollten Fruchtaromen bleiben weitestgehend erhalten.
Für den Stoffbesitzer, welcher nur kleine Mengen Destillat filtrieren möchte, kann auf Einwegfaltenfilter aus dem Brennereibedarf zurückgegriffen werden. Für Kleinbrenner, welche häufiger filtrieren, ist es ratsam, sich ein Filtersystem anzuschaffen. Die gängigsten Filtertypen für den Kleinbrenner sind Schichtenfilter oder Kerzenfilter. Diese sind im Brennereibedarf erhältlich.

Abfüllung von Destillaten

Spirituosen werden meist in Glasflaschen angeboten, dabei ist zu berücksichtigen, dass nur ganz bestimmte Füllmengen zulässig sind. Das Abfüllen und Etikettieren ist arbeitsaufwendig. Bei größerer Mengen von Destillaten werden deshalb in der Regel sogenannte Vakuumabfüller verwendet, die mittels Unterdruck die gewünschte Füllmenge einstellen. Kleine Vakuumfüller zum Abfüllen von Kleinmengen sind für um die 300 € im Brennereibedarf erhältlich. Wer Destillate in Verkehr bringen möchte, muss die Füllmenge mit geeigneten Kontrollmessgeräten kontrollieren. Die auf dem Etikett angegebene Füllmenge darf nicht unterschritten werden. Der vorhandene Alkoholgehalt ist in „% vol“ anzugeben und darf nur +/-0,3 % vol. vom Etikett abweichen, eine Unterschreitung von Mindestalkoholgehalten ist jedoch nicht zulässig. Weitere Pflichtangaben auf dem Etikett sind: Verkehrsbezeichnung, Allergene (sofern enthalten), Losnummer, Füllmenge und Anschrift des Unternehmers/Inverkehrbringer. Die Angaben der Verkehrsbezeichnung, der Nennfüllmenge

≡ Info

Pflichtangaben auf dem Etikett:

- Füllmenge
- Alkoholgehalt in % vol.
- Verkehrsbezeichnung
- Adresse des Herstellers, Abfüllers oder Inverkehrbringers
- Angabe der Losnummer

und des Alkoholgehaltes sind im gleichen Sichtfeld anzubringen. Die geforderten Mindestschriftgrößen der Pflichtangaben müssen eingehalten werden.

Die Destillatqualität

Spirituosen lassen sich in vier Hauptgruppen unterteilen: Brände, Geiste, Liköre und Spirituosen. Die Herstellungsverfahren sind sehr unterschiedlich und haben Einfluss auf die sensorischen Profile der Produkte. Die Experten der Deutschen Landwirtschaftsgesellschaft (DLG) haben ein Prüfschema für Spirituosen entwickelt.

Sensorik

Wie kaum ein anderes Getränk definiert sich eine Spirituose vor allem über ihr sensorisches Profil. Die Beurteilung der Destillatqualität erfolgt über die Sensorik. Der Mensch mit seinen Sinnesorganen ist dabei das wichtigste Messinstrument. Besondere Bedeutung haben dabei der Geruchs- und der Geschmackssinn.

Der **Geruchssinn** dient der Wahrnehmung von Aromen. Die Geruchswahrnehmung erfolgt über das Einatmen durch die Nase. Die Riechwahrnehmung ist auch als olfaktorische Wahrnehmung bekannt. Gelangen flüchtige aromatische Verbindungen durch die Mundhöhle und den Rachenraum zu den Rezeptoren in der Nase, so spricht man von retronasaler Wahrnehmung.

Lebensmittel enthalten eine Vielzahl von aromaaktiven Substanzen, die miteinander interreagieren und in ihrer Wechselwirkung den sensorischen Gesamt-Aromaeindruck beim Konsumenten auslösen. Einige Lebensmittel enthalten jedoch Schlüssel-Aromastoffe, die überwiegend das charakteristische Lebensmittelaroma prägen.

Der Eindruck, den man allgemein unter **Geschmack** versteht, ist im Grunde ein Paket aus Sinneseindrücken: Nicht nur die Grundgeschmacksarten, die von der Zunge wahrgenommen werden, sondern auch der Geruch und die Temperatur spielen eine Rolle. Die „Färbung“ des

Tab. 6: Schlüsselaromastoffe (Auswahl aus Lehrbuch der Lebensmittelchemie von H.-D. Beltiz, W. Grosch u. P. Schieberle, 2001)		
Stoff	**Aromacharakter**	**Vorkommen (Beispiel)**
(R)-Limonen	Zitrus	Orangensaft
Neral/Gerania	Zitrone	Zitronen
Benzaldehyd	Bittermandel	Mandel, Kirschen, Pflaumen
Himbeerketon	Himbeere	Himbeeren

Geschmacks erfolgt über die Nase, erst zusammen mit dem Geruch entsteht das "Aroma" eines Lebensmittels. Ist der Geruchssinn gestört, wie etwa bei einem Schnupfen, ist meist auch die Geschmackswahrnehmung beeinträchtigt.

DLG-Qualitätsprüfung

Im Zentrum der DLG-Tests für Spirituosen steht die sensorische Analyse (u. a. Aussehen, Geruch und Geschmack) im Mittelpunkt. Die sensorische Analyse erfolgt gemäß den von DLG-Fachgremien aus Wissenschaft und Praxis entwickelten Prüfschema, wobei die Spirituosen entsprechend dem DLG-5-Punkte-Schema bewertet werden.
Die DLG-Qualitätsprüfungen werden durch geschulte Expertenpanels durchgeführt, die sich aus Vertretern der Wissenschaft, der Überwachung sowie der Lebensmittelindustrie bzw. des Handwerks der jeweiligen Produktbranchen zusammensetzen. Fachliche Leiter der Qualitätsprüfungen sind anerkannte Wissenschaftler aus den jeweiligen Produktbereichen.
Alle Produkte werden in der sensorischen Bewertung den Experten in „neutralisierter" Form vorgelegt, d. h. es werden keine Informationen über den Hersteller, die Marke oder den Namen des Produkts mitgeteilt.
Wie kaum ein anderes Getränk definiert sich eine Spirituose vor allem über ihr **sensorisches Profil**. In den Spirituosentests steht die sensorische Prüfung deshalb im Zen-

trum und wird durch Laboranalysen und Deklarationskontrollen ergänzt.
Die sensorische Analyse lässt Rückschlüsse auf die Qualität der Rohstoffe zu. So sind z. B. bei Obstbränden gesunde und reife Früchte für den Prozess des Einmaischens von besonderer Wichtigkeit. Auch das richtige Ansäuern der Fruchtmaischen und die Zugabe von Reinzuchthefe sind weitere wichtige Faktoren für die Qualität, die sich sensorisch positiv auswirken können. Von zentraler Bedeutung sind auch die optimalen Destillationsbedingungen sowie die korrekte und sorgfältige Trennung von Vor-, Mittel- und Nachlauf zum optimalen Zeitpunkt. Geschmackliche Eigenschaften können ein Indikator für Herstellungsfehler sein.

Ein Produkt oder eine Probe wird sensorisch begutachtet und beschrieben. Die wissenschaftliche Prüfung erfordert geschulte Prüfer und moderne Prüfverfahren. Die Auswahl der Prüfpersonen erfolgt auf Grund ihrer sensorischen Fähigkeiten. Vielfach beginnt der Selektionsprozess mit Prüfungen zur Geschmacksempfindlichkeit. Als schwerer und sicherer Einstufungstest gilt der Triangeltest (auch Dreieckstest genannt). Er dient der sensorischen Prüfung von drei Proben zur Feststellung von geringfügigen Unterschieden einzelner oder komplexer Sinneseindrücke. Mit diesem Verfahren werden zwei unterschiedliche Prüfmuster sensorisch verglichen. Drei Proben werden nach dem Zufallsprinzip aufgestellt, wobei zwei Proben identisch sind und eine abweichend. Der Triangeltest wird auch gerne zur Prüferschulung für Destillatprämierungen von Kleinbrennerverbänden eingesetzt.

Qualitätsmerkmale der einzelnen Obstdestillate

Edelbrände sollten das typische Aroma ihres Ausgangsstoffs aufweisen und frei von Fuselalkoholen sowie anderen unerwünschten Fehlaromen sein. Das Destillat sollte weder kratzig, noch dumpf oder scharf sein. Ein qualitativ hochwertiger Brand zeichnet sich durch ein volles Aroma mit anhaltendem Geschmack und weichem Abgang aus.

Apfelbrand

Das Spektrum der Apfelbrände ist genauso komplex wie die Vielfalt der Apfelsorten. Aromasorten wie 'Cox Orange', 'Rubinette', 'Gravensteiner' etc. eignen sich hervorragend für sortenreine fruchtige Brände. Streuobstäpfeldestillate sind eher breit, würzig im Aroma, manche Sorten sogar sehr gerbstoffbetont. Bei weniger aromatischen Apfelsorten ist es sinnvoll, ein Cuvée aus verschiedenen Apfelsorten zu erstellen. Die Brände werden sehr komplex und profitieren sensorisch von dem Verschnitt der einzelnen Apfelsorten. Apfelbrände, vor allem aus Mischungen verschiedener Sorten, eignen sich besonders für die Lagerung im Holzfass.

Birnenbrand

Der bekannteste Vertreter der Birnenbrände ist der Williams-Christ-Birnenbrand mit seinem unverwechselbaren Charakter und Aroma. Dieser ist bei vielen Kunden beliebt und in fast jedem Hofladen mit Brennerei anzutreffen. Neben der 'Williams-Christ'-Birne eignen sich Sorten wie 'Wahlsche Schnapsbirne', 'Muskatellerbirne', 'Nägelesbirne', 'Gensbirne' etc. hervorragend zur Herstellung exzellenter Birnenbrände. Bei Birnen ist die Vielfalt der Aromen unwahrscheinlich groß. Sie liefern vielseitige und würzige Brände. Kleinere Mostbirnen sind in der Regel im Geschmack breiter, oft gerbstoffbetont, aber auch würzig im Geschmack.

Quittenbrand

Die Quitte hat aufgrund ihres besonderen Aromas eine Sonderstellung. Bedingt durch ihr hartes Fruchtfleisch ist sie aber schwer zu verarbeiten. Zudem sollten die Härchen auf der Quittenschale entfernt werden, da diese Gerbstoffe eintragen und das Fruchtaroma überdecken.

Quittenbrände sind sehr spannende Destillate mit frischen zitrusähnlichen Aromen in der Nase. Im Gaumen sind Quittenbrände etwas kräftiger und leicht krautig mit Zitrus-Nuancen. Apfelquitten sind am Gaumen etwas kräftiger im Geschmack, wohingegen Birnenquitten am Gaumen weicher, aber in der Nase fruchtig intensiver sind.

Kirschwasser

Aufgrund der großen Sortenvielfalt der Kirsche gibt es eine ebenso große Vielfalt an verschiedenen Kirschbränden. Brennkirschenbrände sind meist vollaromatisch und würzig im Geschmack. Werden alle Steine in der Maische belassen, haben diese Brände einen sehr ausgeprägten Stein- bzw. Bittermandelton. Kirschmaischen, die mittels Passiermaschine entsteint wurden, haben eher einen dezenten Steinton, jedoch mit deutlich mehr vordergründiger Frucht. Brände von den meisten Tafelkirschen enttäuschen oft, besonders dann, wenn aufgeplatzte Früchte eingeschlagen werden, die schon leicht angefault sind. Interessant sind dagegen Brände von der Vogelkirsche, die zu hochwertigen und auch teuren Bränden verarbeitet wird. Aufgrund des hohen Steinanteils weisen sie einen deutlich wahrnehmbaren Bittermandelton auf. Sauerkirschen haben einen niedrigeren Zuckergehalt und deshalb auch eine schlechtere Ausbeute als beispielsweise Brennkirschen, sie liefern jedoch Brände mit einem fruchtigen, leicht würzigen Geschmack mit angenehmem Bittermandelton.

Zwetschgen- und Mirabellenwasser

Die bekannteste Zwetschge für die Herstellung von Zwetschgenbränden ist die 'Hauszwetschge'. Nichtpassierte Maischen liefern ein angenehmes Aroma mit schönem und ausgeprägtem Bittermandelton. Passierte Maischen können sehr fruchtige, fast schon fruchtgummiartige Destillate liefern. Neben der Wahl der Sorte ist auch die Wahl der Maischebereitung essenziell für den Geschmack des resultierenden Brandes.
Gute Mirabellenbrände haben ein feines Mirabellenaroma mit zartem Bittermandelton und sind bei vielen Konsumenten beliebt.

Aprikosenbrand (Marille)

Die Herstellung eines guten Aprikosenbrandes ist sehr anspruchsvoll. Es sollten nur gesunde, vollreife und aromatische Früchte verarbeitet werden. Oft wird das sehr filigrane Aroma im Aprikosenbrand vom ausgeprägten Steinton überdeckt. Selbst das Entsteinen bringt nicht immer zufriedenstellende Ergebnisse, ist jedoch für fruchtbetonte Destillate sinnvoll. Ein Aprikosenbrand kann nur schwer die starke, fruchtige Intensität einer Aprikosen-Spirituose erreichen. In Spirituosen darf mit Zucker sowie Aroma gearbeitet werden. In Bränden dürfen dagegen keine Aromen eingesetzt werden, weshalb die meisten Aprikosenbrände im Vergleich zu Marillen-Spirituosen eher flach und steinbetont schmecken.

Obstarten und -sorten für die Brennereien

Von allen Obstarten ist der Apfel am weitesten verbreitet und stellt in den Streuobstbeständen des Landes meist weit über 50 %. An zweiter Stelle steht die Birne, die aber je nach Region sehr unterschiedlich stark vertreten sein kann. Die Steinobstarten sind vor allem in den badischen Regionen im Rheintal weiter verbreitet. Welche Sorten kommen nun für die Brennerei infrage?

Es gibt mehrere Kriterien zu beachten: Zum einen ist es wichtig, welche **Sorten im Betrieb schon vorhanden** sind, zum anderen, wie sich die Destillate aus diesen Sorten vermarkten lassen. Sicher wird man zuerst zu den Sorten greifen, die man selbst im Betrieb hat, es kann aber auch sinnvoll sein, entsprechende Sorten zuzukaufen.

Ein weiteres Kriterium der Sortenwahl ist die **Ausbeute**. Die Höhe der Ausbeute ist natürlich mit entscheidend für den wirtschaftlichen Ertrag. Eine hohe Ausbeute bringen in der Regel Sorten mit einem hohen Zuckergehalt. Verwendet man diese Destillate für die Weiterverarbeitung, ist die Qualität nicht immer so wichtig, es muss aber sauber gebrannt sein.

Für den Direktverkauf, der in Zukunft immer wichtiger wird, ist beste Qualität Voraussetzung. Eine ganz große Rolle spielt dabei das **Aroma** der Destillate. Aromatische Destillate lassen sich in der Regel nur von Sorten herstellen, welche das Aroma in den Früchten enthalten. Mit ein wenig Kenntnis lässt sich aus der Qualität der Früchte erkennen, ob sie sich für ein Qualitätsdestillat eignen.

Wenn der Name der Sorte in der Region bekannt ist oder sogar auf einen Ort hinweist, ist das Destillat besonders gut zu **vermarkten**. Als Beispiel wird das 'Stuttgarter Geishirtle' genannt. Interessant bei der Vermarktung ist

Die Knausbirne war noch vor 100 Jahren die wichtigste Birnensorte in Württemberg.

auch, ob man eine historische Geschichte um die Sorte machen kann. Als Beispiel wird die 'Knausbirne' oder noch besser die 'Gelbe Wadelbirne' genannt, die in Mörikes „Stuttgarter Hutzelmännchen" erwähnt wird.

Früchte des heimischen Holzapfels mit dem Schmetterling Admiral als Größenvergleich.

Der Apfel

Von allen Obstarten hat der Apfel die größte Bedeutung. Im Erwerbsanbau steht er auf rund 70 % der Flächen. Auch im Streuobstbau hat er mit einem Anteil von über 50 % eine ähnliche Bedeutung. Es war aber ein langer Weg, bis sich aus primitiven Wildobstarten die heutigen Apfelsorten entwickelten.

Neuere Forschungen zur Geschichte des Apfels haben ergeben, dass schon vor 65–70 Mio. Jahren in den Gebirgstälern Südostasiens primitive Vorläufer beheimatet waren, aus diesen gingen dann die echten Wildobstarten hervor. Durch unendlich viele Kreuzungen, zuerst innerhalb, dann auch zwischen den Wildobstarten, kam es zu den heutigen Sorten. Als wichtigste Ursprungsart des Kulturapfels gilt *Malus sieversii*. Seine Verbreitung erstreckt sich über die Gebirge Mittelasiens, Chinas und Kasachstans und Kirgistan bis zum Kaspischen Meer. Die Diversität innerhalb dieser Art ist sehr groß, sowohl hinsichtlich der Größe (bis 50 mm) als auch in Farbe und Geschmack. Die meisten Herkünfte schmecken adstringierend, oft auch sauer. Es gibt aber auch Herkünfte, die ihren Gerbstoffgehalt vollständig verloren haben. Neben dieser Art sollen aber auch andere *Malus*-Arten an der Entwicklung beteiligt gewesen sein.

Zwischen und innerhalb der Wildarten gab es viele zufällige natürliche Kreuzungen. Durch die fortlaufende Auslese entwickelten sich bessere Formen. Durch weitere Kreuzungen und auch durch Mutationen kam es schließlich zu wertvollen Apfelbäumen, die dann in Umfeld von Siedlungen angepflanzt und damit zum Kulturapfel wurden. Im botanischen System erhielt der Apfel dann den

Blühende Apfelbäume sind eine Zierde in der Landschaft.

Namen *Malus domestica*. Da dieser genetisch gesehen ein formenreicher Hybridkomplex ist, wird er heute auch als *Malus × domestica* bezeichnet.

Der wilde zentralasiatische Apfel *Malus sieversii* schien die entscheidende genetische Grundlage für unseren heutigen Kulturapfel zu sein. Es galt sogar als ziemlich sicher, dass unser heimischer Wildapfel (*Malus sylvestris*) nicht an der Entwicklung der Tafeläpfel beteiligt war. Mithilfe neuer molekulargenetischer Methoden, den sogenannten Mikrosatelliten-Markern, konnte nun aber eine Wissenschaftlergruppe nachweisen, dass auch unser Holzapfel einen wichtigen Beitrag leistete. Nach diesen Untersuchungen steht der Kulturapfel unserem Holzapfel genetisch sogar näher als dem asiatischen *Malus sieversii*.

Die Bezeichnung Apfel kommt als einzige aller Obstarten aus dem europäischen und nicht aus dem lateinischen Sprachgebrauch und bezog sich ursprünglich wahrscheinlich auf den heimischen Wildapfel, der regelmäßig gesammelt und frisch oder auch getrocknet verzehrt wurde.

10 000 Jahre v. Chr. wuchsen im mittelasiatischen Raum Äpfel mit einem Durchmesser von 10–60 mm und einem Gewicht von 6–60 g. Über wichtige Handelsstraßen gelangte der Apfel zuerst zu den Griechen und dann später zu den Römern. Die ersten Kulturäpfel waren gegenüber unseren heutigen Sorten noch recht primitiv, doch die Römer hatten bereits durchaus essbare Apfelsorten, wie z. B. die verschiedenen Api-Äpfel, die es heute noch gibt. Mit den Römern kamen dann diese Apfelsorten auch nach Deutschland.

Die Apfelkultur und die Entwicklung der Obstsorten bekamen in Deutschland entscheidende Impulse durch die Landgüterverordnung von Karl dem Grossen (Capitulare de Villis).

Ein folgerndes Aufblühen ist positiv zu bewerten, denn sie bringt Ertragssicherheit.

In den folgenden Jahrhunderten waren es vor allem die Klöster, welche den Obstbau förderten. Ab dem Mittelalter bemühten sich dann zunehmend Gärtner und Gartenliebhaber aus dem Bürgerstand um die Obstkultur. Bis zum 16. Jahrhundert war die Zahl der Obstbäume in Mitteleuropa nicht gerade hoch. Dies änderte sich, als sich die Landesherren um den Obstbau kümmerten und auch schon die ersten Baumschulen anlegen ließen.

Eine systematische Züchtung von Apfelsorten gab es erst nach 1900, nach Wiederentdeckung der Mendelschen Vererbungsregeln und dies vor allem in England und in den USA. In Deutschland dauerte es bis zum Jahr 1929, ehe am Kaiser-Wilhelm-Institut für Züchtungsforschung in Müncheberg eine Obstbauabteilung eingerichtet wurde. Nach dem Krieg wurde dort zuerst weitergezüchtet. Im Jahr 1971 kam dann diese Einrichtung an das Institut für Obstbau in Dresden-Pillnitz, und es wurde dort eine erfolgreiche Apfelzüchtung aufgebaut.

In Westdeutschland wurde 1976 an der Bundesforschungsanstalt für gartenbauliche Pflanzenzüchtung in Ahrensburg eine Abteilung Obstzüchtung eingerichtet.

Nach der Wiedervereinigung wurden die angewandten Zuchtarbeiten beider Einrichtungen mit dem Schwerpunkt Apfel im Jahr 1992 in die Bundesanstalt für Züchtungsforschung Kulturpflanzen Quedlinburg integriert und als Außenstelle mit der Bezeichnung „Institut für Obstzüchtung“ in Dresden-Pillnitz angesiedelt. Heute werden an verschiedenen Instituten und Einrichtungen in Deutschland Äpfel gezüchtet. Weltweit gibt es zahlreiche Institute, die sich um die Apfelzüchtung kümmern. Es kommt deshalb jedes Jahr eine wahre Flut von neuen Sorten auf den

Muskatellerluiken.

Markt. Für die Brennerei sind aber immer noch die alten Sorten aus dem Streuobstbau von besonderer Bedeutung. Die empfohlenen Sorten sollen wenig anfällig für Krankheiten sein und einen hohen und regelmäßigen Ertrag bringen. Von besonderer Bedeutung sind aber ein hoher Zuckergehalt und vor allem der Aromagehalt der Frucht. In unseren Streuobstbeständen gibt es eine Reihe von solchen Sorten. Interessant sind aber oft auch regionale oder lokale Sorten, die sich besonders für die regionale Vermarktung eignen. Das heißt aber nicht, dass neue Sorten für die Brennerei keine Bedeutung haben. Im Gegenteil, die Fruchtqualität der neuen Sorten ist in der Regel recht hoch, und viele sind auch krankheitsresistent.

Adersleber Kalvill

Herkunft: Im Jahr 1839 von Amtsrat Meyer im Klostergut Aschersleben bei Oschersleben aus einer Kreuzung von 'Weißer Winterkalvill' mit 'Gravensteiner' selektiert.

Allgemeine Beurteilung: Eine fruchtbare Liebhabersorte mit vorzüglichem Geschmack. Aufgrund der späten Reife kommen trotz guter Frosthärte nur warme Lagen infrage.
Die Frucht: Mittelgroß (150–180 g), kegelförmig abgestumpft und zum Kelch verjüngt. Die stielbauchige Frucht hat zahlreiche feine Rippen und flache Kanten. Möglichst erst Ende Oktober ernten, um das volle Aroma zu erreichen. Genussreife von Ende November bis Ende Januar, welkt aber gern auf dem Lager. Bei Vollreife weißgelbe Grundfarbe, Deckfarbe verwaschen fahlrot. Glatte Schale mit wenigen, mittelgroßen Lentizellen. Kelchgrube weit und kräftig gerippt. Langer dünner Stiel, Stielgrube tief, weit und strahlig berostet. Zartes, grünlich gelbes bis weißgelbes Fruchtfleisch, süß, Zuckergehalt 14 % Brix (55–60 °Oe), harmonisch und feinaromatisch.
Der Baum: Mittelstarker Wuchs mit breitpyramidaler, flachkugeliger Krone, die locker aufgebaut ist. Kurzes Fruchtholz. Früher, hoher und regelmäßiger Ertrag. Die Sorte ist schorfempfindlich, deshalb Tallagen meiden. Insgesamt mittlere Anfälligkeit für Krankheiten und Schädlinge. Bevorzugt kräftige Böden mit guter Wasserführung.
Besondere Merkmale: Gelber Apfel mit fahlroten Backen und langem Stiel.
Beurteilung als Brennfrucht: Früher, regelmäßiger und auch hoher Ertrag. Allerdings anspruchsvoll an den Standort und auch schorfempfindlich. Gute Ausbeute und gute Qualität des Destillats, es ist fruchtig und feinaromatisch.

Ananasrenette

Herkunft: Belgien oder Holland, ab 1820 in Zülpich/Rheinland kultiviert. 1826 erstmals von Diel beschrieben.

Allgemeine Beurteilung: Eine Sorte von hohem Zier- und Nutzwert für den Hausgarten, bedingt durch den günstigen Wuchs, das dekorative Aussehen und das feine Aroma. Um gut schmeckende Früchte zu bekommen, muss in manchen Jahren allerdings ausgedünnt werden. Als Hochstamm sollte die Sorte nur in günstigen Lagen gepflanzt werden.
Die Frucht: Klein, selten mittelgroß (75–120 g), oft kugelförmig und wenig abgeflacht, meist jedoch breit eiförmig. Ansprechende zitronen- bis goldgelbe Grundfarbe. Die glatte Schale hat viele große, erhabene, dreieckige und sternchenförmige Lentizellen. Sehr flache Stielgrube, die meist grün bleibt, mit sehr kurzem und mitteldickem Stiel. Kelchgrube eng und mitteltief, öfter aber auch flach mit feinen Falten. Gelblich weißes Fruchtfleisch, abknackend und saftig, später wird es aber mürbe, mit feinfruchtigem und würzigem Geschmack und starkem, sortentypischem Aroma, muskatartig, in der Art einmalig. Zuckergehalt 11,2 % Brix (42–48 °Oe).
Baum: Recht schwacher Wuchs mit kleiner, hochpyramidaler Krone. Mittelfrühe und lang anhaltende Blüte, etwas witterungsempfindlich. Trägt aber regelmäßig und hoch, ein Ausdünnen der Früchte ist notwendig. Anfällig für Mehltau und Obstbaumkrebs, aber recht widerstandsfähig gegenüber Schorf.
Besondere Merkmale: Meist breit eiförmige, zitronen- bis goldgelbe Frucht, mit typischen, großen, verkorkten Lentizellen.
Beurteilung als Brennfrucht: Interessant für den Erwerbsanbau, im Streuobstbau meist zu schwach wachsend und dort nur auf guten Böden. Die Ausbeute ist mittelhoch bis hoch, das Destillat aber von hoher Qualität, feinfruchtig mit würzigem, muskatartigem Geschmack.

Berlepsch

Weitere Namen: 'Freiherr von Berlepsch', 'Goldrenette Freiherr von Berlepsch'.
Herkunft: 1880 von Dietrich Uhlhorn jr. aus einer Kreuzung von 'Ananasrenette' × 'Ribston Pepping' gezüchtet und nach dem damaligen Düsseldorfer Regierungspräsidenten benannt.

Allgemeine Beurteilung: Hervorragend schmeckender Tafelapfel, der seine geschmacklichen Qualitäten monatelang behält. Der Baum ist jedoch blüten- und holzfrostempfindlich und bevorzugt milde Lagen. Ertragsmäßig oft nicht befriedigend. Auf trockenen Böden fallen die Früchte häufig vorzeitig ab.
Die Frucht: Mittelgroß (110–130 g), kugelförmig abgeflacht, Ende September bis Mitte Oktober reif und bis März haltbar. Gelbe Grundfarbe mit braunroter Deckfarbe, die charakteristisch gestreift oder marmoriert ist. Stielgrube mitteltief mit kurzem bis mittellangem, holzigem Stiel. Mitteltiefe Kelchgrube mit charakteristischen fünf ausgeprägten Rippen. Gelblich weißes Fleisch, fest, saftig und gut, edel aromatisch gewürzt. Harmonisch im Zucker- und Säuregehalt, mittelhoher Zuckergehalt, 13,3 % Brix (50–58 °Oe), Säuregehalt 8–9 g/l.
Der Baum: Die Sorte wächst am Anfang stark, später dann deutlich schwächer. Geschlossene, breit kugelförmige Krone mit guter Verzweigung. Blüte mittelspät, lang anhaltend und frostempfindlich. Ertrag nur mittelhoch und stark schwankend. Anfällig gegen Krebs, Spitzendürre und Kragenfäule sowie schwefelempfindlich.
Besondere Merkmale: Kelchgrube mit den fünf ausgeprägten Rippen, besonderer Geschmack.
Beurteilung als Brennfrucht: Die Sorte ist zwar bezüglich des Ertrags problematisch und auch etwas krankheitsanfällig, das Destillat ist aber aufgrund seiner Qualität eine Spezialität, und dementsprechend ist die Sorte zu bewerten.

Biesterfelder Renette

Herkunft: Anfang des 20. Jahrhunderts auf dem Schloss Biesterfelder (Bad Pyrmont) entstanden, seit 1900 im Anbau. Als eine der Elternsorte wird 'Goldrenette aus Blenheim' vermutet.

Allgemeine Beurteilung: Wohlschmeckender Tafelapfel, der sich wegen seiner regelmäßigen Erträge und der geringen Krankheitsanfälligkeit auch gut für den Selbstversorgeranbau eignet. Nachteilig ist die Anfälligkeit für Stippe und die geringe Lagerfähigkeit.

Die Frucht: Mittelgroß bis groß (170–200 g), teils kugelförmig abgeflacht, leicht stielbauchig. Mitte September reif und hält sich bis November. Die gelbe Grundfarbe ist überdeckt mit einer verwaschen orangeroten bis rot marmorierten Deckfarbe, die flächig und gestreift ist. Schale sehr fettig. Kelchgrube strahlig, teils auch ringförmig berostet. Kelchblätter mittelgroß und halb geschlossen. Das weißlich gelbe Fruchtfleisch schmeckt erfrischend saftig, harmonisch feinsäuerlich und edelaromatisch. Zuckergehalt 13,6 % Brix (50–60 °Oe). Das Fruchtfleisch wird aber schnell mürbe.

Der Baum: Mittelstarker und ausladender Wuchs mit breitpyramidaler Krone, der Baum garniert sich ausreichend mit Fruchtholz. Die triploide Sorte blüht mittelfrüh. Der Ertrag setzt früh ein und ist hoch. Die Sorte ist auch etwas stippe- und krebsanfällig, sonst aber gesund und anspruchslos an Boden und Klima.

Besondere Merkmale: Fette Schale und marmorierte Deckfarbe in Verbindung mit gutem Geschmack und geringer Lagerfähigkeit.

Beurteilung als Brennfrucht: Die triploide Sorte bringt gute Erträge mit mittelgroßen bis großen Früchten, die edelaromatisch, feinsäuerlich schmecken. Die Krankheitsanfälligkeit und die Standortansprüche sind gering. Der mittelhohe Zuckergehalt lässt eine gute Ausbeute erwarten, mit einem feinen, fruchtigen, edelaromatischen Destillat.

Cox Orange

Weitere Namen: 'Cox Orangerenette', 'Cox's Orange Pippin', 'Russet Pippin', 'Verbesserte Muskatrenette'.
Herkunft: Von R. Cox im Jahr 1825 in Colnbrook bei London vermutlich aus Samen von 'Ribston Pepping' gezogen und 1850 von Ch. Turner eingeführt.

Allgemeine Beurteilung: Äußerst wohlschmeckende Frucht, allerdings hat der Baum hohe Ansprüche an Boden, Lage und Pflege. In trockenen Regionen werden die Früchte leicht rissig. Nicht für den extensiven Anbau geeignet.
Die Frucht: Mittelgroß (80–130 g), kugelförmig und wenig abgeflacht, zur Kelchfläche etwas verjüngt. Grundfarbe bei Vollreife hellgelb, orangerot bis trübrot marmorierte Deckfarbe, häufig gestreift, selten völlig bedeckt. Raue Schale, netz- und punktförmig berostet. Mitteltiefe Stielgrube, meist strahlig, teils auch schuppig und rissig berostet. Kelchgrube flach und weit mit Perlen und flachen Rippen, charakteristisch berostet. Gelbliches Fruchtfleisch, fest, mittelfeinzellig mit feinem, würzigem, edelaromatischem, sortenspezifischem Geschmack. Zuckergehalt 14,5 % Brix (57–60 °Oe), 7–8 g/l Säure.
Der Baum: Am Anfang kräftiger, später dann nur noch mittelstarker Wuchs, kugelige Krone mit dünnen, langen Trieben. Lang anhaltende Blüte, aber frostempfindlich. Der Ertrag setzt früh ein, ist jedoch nur mittelhoch, nur auf besten Standorten hoch. Leider nur geringe Widerstandsfähigkeit gegen Krankheiten und Schädlinge.
Besondere Merkmale: Lange, zugespitzte, zurückgeschlagene Kelchblätter, berostete Stielgrube und typisches Aroma.
Beurteilung als Brennfrucht: Eine Sorte, die nur für den Erwerbsanbau empfohlen werden kann. Die Ausbeute ist hoch und das gewonnene Destillat fruchtig und feinaromatisch. Höhe und Regelmäßigkeit des Ertrags befriedigen nur in besten Lagen.

Danziger Kant

Weitere Namen: 'Schwäbischer Rosenapfel', 'Liebesapfel', 'Himbeerapfel', 'Erdbeerapfel'.
Herkunft: Leider ist die Herkunft dieser sehr alten Sorte, die bereits 1760 beschrieben wurde, unbekannt.

Allgemeine Beurteilung: Kräftiger, gesunder Wuchs und gute Erträge auch in rauen Lagen sowie die Frosthärte machen diese Herbstsorte besonders für den Hochstammanbau in Höhenlagen empfehlenswert. Die Anfälligkeit für Kernhausfäule schränkt die Lagerfähigkeit ein.
Die Frucht: Mittelgroß (80–120 g), unregelmäßig geformt, mit breiten Kanten und teilweise starken Rippen, die nahtförmig stärker hervortreten. Ende September pflückreif und bis Dezember genussreif. Grundfarbe grüngelb, aber selten sichtbar wegen der flächig vorhandenen trüb bis leuchtend roten Deckfarbe. Kelchgrube tief, mit breiten Kanten und ausgeprägten Rippen versehen. Kelch groß, meistens geschlossen. Grünlich weißes Fleisch, an den Rändern rot geädert, locker, saftig, säuerlich und leicht gewürzt. Zuckergehalt 12,9 % Brix (48–55 °Oe). Auffallend ist der feine Geruch der Früchte.
Der Baum: Starker Wuchs, hoch gewölbte, lichte und ausladende Krone mit sparriger Verzweigung. Die Sorte blüht mittelspät und lang anhaltend und ist wenig witterungsempfindlich. Holz und Blüte sind frosthart.
Besondere Merkmale: Markante Färbung, starke Rippen um den Kelch und meist etwas fettige, druckempfindliche Schale.
Beurteilung als Brennfrucht: Der gesunde Wuchs und die auch in rauen Lagen hohen Erträge machen die Sorte für höhere Lagen im Streuobstanbau interessant. Die Ausbeute ist mittelhoch, das Destillat aber feinaromatisch. Das Destillat sollte unter dem Namen „Schwäbischer Rosenapfel“ vermarktet werden.

Dülmener Rosenapfel

Weitere Namen: 'Dülmener Herbstrosenapfel'.
Herkunft: Um 1870 von Lehrer Jäger (Dülmen/Westfalen) gefunden. Vermutlich Sämling von 'Gravensteiner'.

Allgemeine Beurteilung: Aufgrund der Widerstandsfähigkeit in schorf- und frostgefährdeten Lagen eine anbauwürdige Herbstsorte. Sie eignet sich deshalb besonders für ungünstige Standorte. Allerdings benötigt sie gut versorgte Böden mit regelmäßiger Wasserführung. Nachteilig sind die Windanfälligkeit und die Druckempfindlichkeit der Früchte.
Die Frucht: Mittelgroß bis groß (H = 68 mm, B = 83 mm, 160–210 g), kugelförmig abgeflacht, Form unregelmäßig, oft ungleichhälftig. Unebene Oberfläche mit breiten Kanten. Pflückreif Mitte September und genussreif bis November. Bei Vollreife orangegelbe Grundfarbe, Deckfarbe rot gestreift und geflammt. Glatte und fettige Schale. Stielgrube mitteltief, oft graubraun berostet mit kurzem Stiel. Kleine bis mittelgroße Kelchblätter, geschlossen bis halb geöffnet, mittellang und mittelbreit, uneinheitlich ausgerichtet. Zartes saftiges Fruchtfleisch, weißgelb, feinaromatisch und mit milder Säure. Zuckergehalt 12,6 % Brix (48–54 °Oe).
Der Baum: Mittelstarker Wuchs mit ausladender Krone und reichlich Fruchtholz. Die Sorte ist unempfindlich in der Blüte und ein guter Pollenspender. Die Erträge setzen mittelfrüh ein und die Alternanz ist mäßig. Der Anbau ist auch in höheren, aber windgeschützten Lagen möglich.
Besondere Merkmale: Breite, oft bis zum Kernhaus reichende Kelchröhre.
Beurteilung als Brennfrucht: Die Vorteile der Sorte liegen in der Schorfresistenz und der geringen Empfindlichkeit gegenüber Spätfrost. Sie eignet sich deshalb auch gut für höhere Lagen im Streuobstbau. Die Ausbeute ist mittelhoch und das Destillat mild und leicht aromatisch.

Elstar

Herkunft: Im Jahr 1955 in Wageningen (Niederlande) aus einer Kreuzung von ‘Golden Delicious’ × ‘Ingrid Marie’ gezüchtet, 1972 benannt, seit 1975 im Handel und seit 1978 Sortenschutz.

Allgemeine Beurteilung: Die Sorte wird vor allem im Erwerbsanbau angebaut und hat sich dort bewährt. Sie ist eine bekannte Tafelobstsorte und bei vielen Verbrauchern sehr beliebt.

Die Frucht: Mittelgroß, durchschnittlich 125 g, Ende September bis Mitte Oktober reif, hält im Frischluftlager bis Dezember. Gleichmäßig kugelig, z. T. aber auch flachkugelig und mittelbauchig. Grünlich gelbe bis gelbe Grundfarbe, Deckfarbe orangerot marmoriert bis verwaschen kräftig rot gefärbt. Meist flache Kelchgrube, manchmal ringförmig berostet, mit kleinem bis mittelgroßem, halboffenem Kelch. Mittelweite Stielgrube, durchweg flächig berostet, mit meist langem und dünnem Stiel. Grünlich gelbes bis gelbliches oder cremefarbenes Fruchtfleisch, saftig und feinzellig, im Geschmack kräftig süß, feinsäuerlich und aromatisch, ähnlich ‘Cox Orange’. Zuckergehalt 13,9 % Brix (54–60 °Oe), 9–10 g/l Säure.

Der Baum: Mittelstark bis stark wachsend, mit formprägender Mittelachse. Mittelspät bis spät blühend, gute Befruchtersorte. Der Ertrag setzt früh ein und ist mittelhoch, leichte Neigung zur Alternanz. Für Schorf und Mehltau wenig anfällig, für Obstbaumkrebs mäßig und für Feuerbrand stark. Für höhere Lagen weniger geeignet, da es in manchen Jahren Probleme mit der Holzausreife gibt. Dies kann vor allem bei Jungpflanzen zu Ausfällen führen.

Besondere Merkmale: Marmorierte Färbung, langer Stiel und besonders der Geschmack.

Beurteilung als Brennfrucht: Zum Brennen kommen in der Regel nur Früchte infrage, die als Tafelobst nicht mehr geeignet sind. Ausgereifte Früchte haben einen hohen Zuckergehalt. Das Destillat ist angenehm fruchtig und hocharomatisch.

Französische Goldrenette

Weitere Namen: 'Reinette Doree', 'Goldrenette', 'Goldrenette von Tettnang', 'Edelroter vom Bodensee'.
Herkunft: Frankreich, 1768 erstmals beschrieben.

Allgemeine Beurteilung: Hervorragend schmeckender Tafelapfel, auf trockenen Böden jedoch oft kleinfruchtig. Die Sorte benötigt deshalb gute Böden und ausreichende Düngung. Früh einsetzender und hoher Ertrag. Die Sorte ist wenig anfällig für Krankheiten und Schädlinge, dies macht sie für Streuobstwiesen und Hausgärten gleichermaßen interessant.
Die Frucht: Klein bis mittelgroß (H = 50 mm, B = 60–65 mm), kugelförmig abgeflacht, teils auch breit gedrückt. Mitte Oktober pflückreif und ohne zu schrumpfen bis Januar haltbar. Gelbe Grundfarbe, rundum leuchtend rot verwaschen gefärbt. Flache schüsselförmige Kelchgrube, unterbrochen ringförmig berostet. Mittelgroßer bis großer Kelch, halb bis ganz geöffnet. Gelblich weißes, festes, mäßig saftiges Fruchtfleisch mit ausgeglichenem Zucker-Säure-Verhältnis, feinaromatisch und würzig. Zuckergehalt 13,8 % Brix (53–60 °Oe).
Der Baum: Mittelstark wachsend, mit hochkugeliger Krone und aufstrebenden, schlanken Ruten. Die Sorte blüht mittelfrüh, der Ertrag setzt früh ein und ist hoch. Die Sorte ist wenig anfällig für Krankheiten und Schädlinge.
Besondere Merkmale: Viele, große, helle, fühlbar erhabene, oft berostete Lentizellen, flache, schüsselförmige Kelchgrube und auffallend schmale Blätter.
Beurteilung als Brennfrucht: Als eine der wenigen alten Sorten bringt sie auch auf schwach wachsenden Unterlagen geschmackvolle Früchte. Der früh einsetzende, hohe Ertrag sowie die geringe Krankheitsanfälligkeit sind besondere Merkmale der Sorte. Negativ ist der hohe Anspruch an den Standort, weil die Früchte sonst zu klein werden. Hohe Ausbeute sowie würziges und feinaromatisches Destillat.

Gewürzluiken

Weitere Namen: 'Gewürzluike', 'Gewürzluikenapfel'.
Herkunft: Zufallssämling, seit etwa 1880 von Nordwürttemberg aus verbreitet.

Allgemeine Beurteilung: Für wärmere bis mittlere Lagen eine empfehlenswerte, geschmackvolle Sorte, die früher in manchen Jahren schorf- und krebsanfällig war, sich in den letzten warmen Jahren aber immer recht gesund zeigte.
Die Frucht: Mittelgroß (100–125 g), Mitte bis Ende Oktober reif, hält sich bis Februar. In der Form etwas unregelmäßig, meist kegelförmig wenig abgestumpft, teils kugelförmig wenig abgeflacht und stielbauchig. Grundfarbe zunächst gelbgrün, später gelb, Deckfarbe karminrot gesprenkelt bis dunkelrot verwaschen, mit kräftigen, braunroten, häufig unterbrochenen Streifen versehen. Flache, zimtfarben berostete Stielgrube. Weißes bis grünlich weißes Fruchtfleisch, etwas grob sowie leicht würzig, frisch und saftig, angenehm säuerlich und würzig. Zuckergehalt 13,6 % Brix (50–60 °Oe).
Der Baum: Mittelstarker Wuchs, der Baum ist rundkronig, gut verzweigt und ziemlich dicht. Bildet viele vorzeitige Triebe. Die Sorte blüht spät und lang anhaltend, Ertrag mittelhoch aber gleichmäßig. Empfindlich für Holzfrost, daher Neigung zur Spitzendürre.
Besondere Merkmale: Dunkel gestreifte, gut ausgefärbte Früchte, manchmal schwarz-rot, Fleisch in Schalennähe rot geädert. Nach innen wachsende, vorzeitige Triebe an den einjährigen Langtrieben.
Beurteilung als Brennfrucht: Die Sorte profitiert vom Klimawandel, da sie sich heute kaum noch schorfanfällig zeigt. Positiv sind die späte Blüte und der mittelhohe, aber gleichmäßige Ertrag. Der Zuckergehalt ist mittelhoch bis hoch, dies führt zu einer guten Ausbeute mit einem beachtenswerten Destillat, welches ein frisches und würziges Apfelaroma aufweist. Es sollten aber nur Früchte aus dem Streuobstbau verwendet werden.

Goldparmäne

Weitere Namen: 'Englische Winter Goldparmäne', 'Wintergoldparmäne', 'King of the Pippins', 'Reine de Reinnettes'.
Herkunft: Die Sorte soll im Jahr 1204 in der englischen Grafschaft Worcestershire entstanden sein. Um 1800 von Diel in Deutschland eingeführt.

Allgemeine Beurteilung: Jahrhundertelang eine Spitzensorte, ist aber heute aus dem Sortiment des Erwerbsobstbaus verschwunden. Ursachen sind der Vorerntefruchtfall sowie der ungenügende Geschmack auf schwach wachsenden Unterlagen.
Die Frucht: Mittelgroß (90–140 g), teils kugelförmig abgeflacht, meist aber kegelförmig abgestumpft. Ende September pflückreif, von Oktober bis Januar genussreif. Grundfarbe bei Vollreife goldgelb, wird von einer goldroten Deckfarbe, die auch trübrot sein kann, verwaschen überdeckt. Kelch ganz geöffnet, mit langen, grünen Blättchen. Gelborangefarbenes Fleisch, saftig und abknackend, süßfruchtig und sortentypisch nusssartig gewürzt. Zuckergehalt 12,7 % Brix (45–57 °Oe), 7–8 g/l Säure.
Der Baum: Mittelstarker und steiler Wuchs. Bedingt durch die Fruchtbarkeit lässt der Wuchs jedoch bald nach und es besteht die Gefahr, dass die Bäume vergreisen. Das Fruchtholz sollte deshalb regelmäßig erneuert werden. Die Sorte blüht mittelspät und ist etwas frostempfindlich. Sie ist anfällig für Obstbaumkrebs und verlangt nährstoffreiche Böden. Sollte aufgrund der Wärmeansprüche nur bis in mittlere Höhenlagen angebaut werden.
Besondere Merkmale: Kurzes Fruchtholz, flache schüsselförmige Kelchgrube und Fruchtfarbe.
Beurteilung als Brennfrucht: Die Sorte ist ertragreich, stellt aber gewisse Ansprüche an den Standort. Zum Brennen sollten keine Früchte von Bäumen auf schwach wachsenden Unterlagen verwendet werden. Die Ausbeute ist mittelhoch, das Destillat aber von gutem Geschmack mit einem nussartigen Aroma.

Goldrush

Weitere Namen: 'Co-op 38'.
Herkunft: Aus einer Kreuzung von 'Golden Delicious' × 'Co-op 17' im Jahr 1972 entstanden, später von der Universität von Illiniois (USA) selektiert und in den Handel gebracht.

Allgemeine Beurteilung: Eine spät reifende, qualitativ sehr hochwertige, schorfresistente Sorte mit sehr festem Fruchtfleisch. Besonders geeignet für den Erwerbsobstbau, eignet sich bei guter Pflege aber auch für den Streuobstbau.
Die Frucht: Klein bis mittelgroß (120–170 g), hoch gebaut und stumpfkegelförmig. Pflückreif Mitte Oktober, sehr gut lagerfähig, im Kühllager bis April. Schüsselförmige Kelchgrube, geschlossener Kelch mit langen, schmalen Kelchblättern. Grüngelbe bis gelbe Grundfarbe mit z. T. zarter roter Deckfarbe auf der Sonnenseite. Sehr festes, saftiges Fleisch mit hervorragendem Geschmack und sehr hohem Zuckergehalt von 15,6 % Brix (55–70 °Oe).
Der Baum: Schwacher bis mittelstarker Wuchs, sehr gute Verzweigung mit dünnem Fruchtholz. Die Sorte blüht mittelfrüh, sie kommt früh in Ertrag und bringt sehr hohe Ernten. Neigt allerdings zur Alternanz, eine Ausdünnung ist deshalb angebracht, um größere Früchte zu bekommen. Die Sorte ist schorfresistent (Vf), die Resistenz ist allerdings in manchen Regionen schon durchbrochen. Geringe Anfälligkeit für Mehltau und für Feuerbrand, aber stark anfällig für Regenflecken.
Besondere Merkmale: Gelbe Fruchtfarbe und vor allem festes Fruchtfleisch, späte Reife.
Beurteilung als Brennfrucht: Als relativ neue schorfresistente Sorte ist sie noch wenig bekannt. Durch die guten Erträge, den hohen Zuckergehalt und den hervorragenden Geschmack allerdings eine interessante Sorte für die Brennerei. Die Ausbeute ist hoch und das Destillat hat ein feines Apfelaroma. Stellt hohe Ansprüche an das Klima und sollte nur in Regionen mit Weinbauklima angebaut werden.

Gravensteiner

Weitere Namen: ‘Blumenkalvill’, ‘Ernteapfel’, ‘Sommerkönig’.
Herkunft: Alte Sorte mit unsicherer Herkunft, seit 1669 in Dänemark und Schleswig-Holstein bekannt.

Allgemeine Beurteilung: Der starke Wuchs sowie die ungleiche Reife, verbunden mit vorzeitigem Fruchtfall, beeinträchtigen die hohe Qualität dieser Sorte. Sie bevorzugt ein ausgeglichenes Klima. Vollreif geerntete Früchte entwickeln ein hervorragendes Aroma mit einem raumfüllenden Geruch. Es gibt zahlreiche Mutanten, die sich vor allem in der Farbe unterscheiden.
Die Frucht: Groß (145–175 g), Mitte August bis Anfang September reifend und bis November haltbar. In der Form unregelmäßig mit einer unebenen Oberfläche und mit breiten Kanten. Grünlich gelbe bis gelbe Grundfarbe, Deckfarbe karminrot marmoriert oder geflammt. Tiefe Stielgrube, oft mit strahliger Berostung, kurzer, dicker Stiel. Kelchgrube tief, mit ausgeprägten Rippen und geschlossenem bis halboffenem Kelch, dieser mit langen, grünlichen Kelchblättern. Lockeres, gelbliches Fruchtfleisch, sehr saftig, feinfruchtig und würzig und mit charakteristischem edlem Aroma. Zuckergehalt 12,5 % Brix (45–55 °Oe), 7–8 g/l Säure. Die Frucht ist druckempfindlich.
Der Baum: Starker bis sehr starker Wuchs, mit steilen bis schräg aufrecht wachsenden Leitästen. Breit ausladende Kronen mit hängendem Fruchtholz. Die Blüte der triploiden Sorte setzt früh ein und ist frostanfällig. Die Sorte kommt spät in Ertrag, dieser ist dann mittelhoch. Anfällig für Schorf und Mehltau sowie Spätfröste.
Besondere Merkmale: Edelaromatische Frucht mit sortentypischem, starkem Geruch. Starker Wuchs des Baumes.
Beurteilung als Brennfrucht: Eine der begehrtesten Apfelsorten für die Brennerei. Die Sorte kommt aber erst sehr spät in Ertrag. Die Ausbeute ist nur mittelhoch, das Destillat hat aber einen betonten Apfelduft und ist feinfruchtig, mit edlem Aroma.

Holsteiner Cox

Weitere Namen: 'Vahldieks Sämling Nr. 3', 'Holsteiner Gelber Cox'.
Herkunft: Von J. Vahldiek um 1920 in Eutin aus Samen von 'Cox Orange' gezogen.

Allgemeine Beurteilung: Empfehlenswerte Alternative für Freunde des Cox-Aromas, da die Sorte nicht die hohen Ansprüche wie 'Cox Orange' stellt. Sie braucht allerdings auch wintermilde Regionen und eine regelmäßige Wasserversorgung. Als stark wüchsige Sorte auch für den Streuobstbau geeignet.
Die Frucht: Mittelgroß (130–180 g), kugelförmig, wenig abgeflacht, ab Mitte Oktober pflückreif, Genussreife bis Dezember. Grundfarbe grüngelb, bei Vollreife goldgelb, orangerote verwaschene Deckfarbe, flächig oder leicht gestreift. Raue Schale, teils mit Rostfiguren. Flache Stielgrube, fein- bis grobschuppig strahlig berostet. Flache und weite Kelchgrube, oft ringförmig und rissig berostet. Großer und offener Kelch. Gelbliches grobzelliges Fleisch, später mürbe, würzig und aromatisch, ähnlich 'Cox Orange'. Zuckergehalt 14,6 % Brix, (55–65 °Oe), 8–9 g/l Säure.
Der Baum: Starkwüchsig, mit breiter, flachkugeliger Krone und kräftigen, waagerechten Seitenästen. Mittelspäte Blüte, als triploide Sorte ist sie ein schlechter Pollenspender. Setzt spät mit dem Ertrag ein und ist etwas alternierend, bringt aber höhere Erträge als 'Cox Orange'. Die Sorte ist holzfrostempfindlich sowie krebs-, schorf- und mehltauanfällig.
Besondere Merkmale: Flache bis sehr flache Kelchgrube mit rissigem, schuppigem Rost, oft ringförmig berostete Stielgrube.
Beurteilung als Brennfrucht: Eine Alternative zu 'Cox Orange' für den norddeutschen Raum, sie stellt nicht ganz die hohen Ansprüche und bringt auch höhere Erträge, hat aber ein ähnliches Aroma. Hohe Ausbeute und würziges aromatisches Destillat.

James Grieve

Herkunft: Von James Greave in Edinburgh (Schottland) gezogen. Ab 1880 verbreitet. Muttersorte entweder 'Potts Seedling' oder 'Cox Orange'.

Allgemeine Beurteilung: Aromatische Frühherbstsorte mit jährlich hohen Erträgen und einer breiten Anbaufähigkeit bis in mittlere Höhenlagen. Die hohe Fruchtbarkeit verlangt allerdings nährstoffreiche Böden und regelmäßige kräftige Verjüngung durch Schnittmaßnahmen.
Die Frucht: Mittelgroß bis groß (130–177 g), pflückreif ab Ende August und 3–4 Wochen lagerbar. Meist etwas unregelmäßige Form, oft kugelförmig und wenig abgeflacht. Ebene Oberfläche mit schwachen, breiten Kanten. Die Grundfarbe ist vollreif gelborange, sonnenseitig orangerot gestreift. Glatte und etwas wachsige Schale. Tiefe Stielgrube mit dickem, mittellangem Stiel. Mitteltiefe Kelchgrube mit feinen Falten und schwachen Rippen. Geschlossener bis halb geöffneter Kelch mit langen, grünen Kelchblättern, deren Spitzen meist weit zurückgeschlagen sind. Cremefarbenes Fleisch, locker, feinzellig und aromatisch. Zuckergehalt 12,4 % Brix (46–53 °Oe).
Der Baum: Zunächst mittelstarker Wuchs, später wird dieser ertragsbedingt schwächer. Breitpyramidale, etwas gedrungene Kronenform. Mittelfrühe und lang andauernde, witterungsunempfindliche Blüte. Gute Befruchtersorte. Der Ertrag tritt frühzeitig ein und ist alljährlich hoch. Anfällig für Blutlaus, Monilia, Krebs und auch Feuerbrand.
Besondere Merkmale: Lange, grüne, zurückgeschlagene Kelchblätter.
Beurteilung als Brennfrucht: Eine nicht uninteressante Herbstsorte, besonders für höhere Lagen, die alljährlich hohe Erträge bringt. Ausbeute nur mittelhoch, bringt aber ein feines und auch aromatisches Destillat.

Merkur

Herkunft: Am Institut für experimentelle Botanik in Prag, Züchtungsstation Strizovice (Tschechien) aus einer Kreuzung von 'Topaz' × 'Rajka' gezüchtet und im Jahr 2013 als Sorte herausgebracht.

Allgemeine Beurteilung: Sehr interessante, mittelfrüh reifende, schorfresistente Sorte für den Erwerbs- und Streuobstanbau mit festem, knackigem Fruchtfleisch, hohem Zuckergehalt und hervorragendem Geschmack.
Die Frucht: Mittelgroß (125–150 g), plattrund bis leicht hoch gebaut, wird Mitte September, kurz vor 'Golden Delicious' reif und bewahrt im Naturlager bis in den März hinein ihren knackigen, frischen Biss. Kelchgrube flach, sortentypisch gefältelt, mit geschlossenem Kelch und langen, schmalen Blättchen. Stielgrube mitteltief, strahlig berostet. Glatte und leicht wachsige Schale mit grünlich gelber Grundfarbe und dunkelroter, streifiger bis flächiger Deckfarbe, Anteil 60–90 %. Gelbliches Fruchtfleisch, feinzellig und festfleischig, mit süßlichem, hervorragendem Geschmack. Hoher Zuckergehalt, 15,3 % Brix (60–65 °Oe), Gesamtsäure 8,4 g/l.
Der Baum: Mittelstarker Wuchs mit typischer V-förmiger Verzweigung am Triebende. Die schorfresistente Sorte (Vf) ist wenig anfällig für Mehltau und hat ein auffällig gesundes Blatt, ist jedoch anfällig für Kragenfäule. Die Sorte blüht früh, kommt früh in Ertrag und hat ein mittleres Ertragsniveau, jedoch ohne Alternanz.
Besondere Merkmale: Plattrunde Frucht mit sortentypisch gefältelter Kelchgrube und auffälligen purpurroten Bäckchen. Triebe am Ende V-förmig verzweigt.
Beurteilung als Brennfrucht: Schorfresistente Sorte mit sehr gesundem Blatt und jährlich gleichmäßig, mittelhohen Erträgen. Durch den für einen Apfel hohen Zuckergehalt ergibt sich eine gute Ausbeute. Das Destillat hat einen feinaromatischen Geschmack.

Muskatellerluiken

Weitere Namen: 'Baschesapfel', 'Roter Baschesapfel', 'Bastlesapfel', 'Schmiedbästles Apfel'.
Herkunft: Unbekannt. Eine der vielen Luikensorten, die in Württemberg stark verbreitet sind. 1875 erstmals beschrieben.

Allgemeine Beurteilung: Eine interessante Verwertungssorte, die einen hervorragenden aromatischen Apfelsaft sowie ein aromareiches Destillat liefert. Robuste Sorte, die auch auf schlechteren Standorten gut gedeiht und durch die späte Blüte wenig spätfrostanfällig ist.
Die Frucht: Pflückreif ab Mitte September und bis Dezember verwertbar. Klein bis mittelgroß (60–85 g), flachrund und am Stiel stark abgeplattet. Hälften meistens ungleich. Weißlich gelbe Grundfarbe, die oft vollständig von kräftigem Rot überzogen ist, mit kurzen dunkelroten Streifen. Die ganze Frucht ist stark hellblau bereift. Mitteltiefe bis tiefe Stielgrube, hellbraun berostet mit kurzem, mitteldickem, holzigem Stiel. Geschlossener bis halboffener Kelch mit breiten und langen, hellgrünen Blättchen, deren Spitzen zurückgeschlagen sind. Gelblich weißes bis weißes Fleisch, unter der Schale oft leicht gerötet, z. T. trifft dies auch auf die Gefäßbündellinie zu. Feinzellig und saftig, wird bald mürbe, süßsäuerlich, mit leichtem Muskatellergeschmack. Zuckergehalt 13,4 % Brix (50–58 °Oe).
Der Baum: Mittelgroß bis groß, flach kugelförmig, mit hängenden Ästen. Große, ovale, dicke Blätter mit doppelt gesägtem Rand. Die Sorte blüht spät und ist sehr fruchtbar sowie wenig krankheitsanfällig.
Besondere Merkmale: Starke Bereifung, ausgeprägte Kelchröhre und späte Blüte.
Beurteilung als Brennfrucht: Schon von den Anbaueigenschaften her eine interessante Sorte, da sie auch wenig spätfrostanfällig ist. Die Ausbeute ist mittelhoch und das Destillat von hervorragender Qualität, fruchtig, mit angenehmem Muskatelleraroma.

Muskatrenette

Weitere Namen: 'Gewürzrenette', 'Muskatellerrenette', 'Rote Badener Renette'.
Herkunft: Sehr alte Sorte, schon 1608 erwähnt und vermutlich um 1670 von Karthäusern aus der Normandie nach England gebracht. Möglicherweise Großelter von 'Cox Orange'.

Allgemeine Beurteilung: Sorte mit edlem, muskatartigem Geschmack, dazu müssen die Früchte aber ihre sortentypische Größe erreichen, was durch eine Ausdünnung gefördert wird. Wegen der Anfälligkeit für Obstbaumkrebs nicht für schwere Böden geeignet.
Die Frucht: Mittelgroß, kugelförmig, wenig abgeflacht. Oberfläche meist eben, teils mit schwachen, breiten Kanten. Pflückreif Ende Oktober, lagerbar bis März. Grundfarbe goldgelb, auf der Sonnenseite kräftig braunrot marmoriert. Glatte trockene Schale mit teils flächiger und netzartiger Berostung, die vom Kelch bis zur Fruchtmitte reicht. Mitteltiefe Stielgrube, teils schuppig, über den Rand hinauslaufend berostet. Flache Kelchgrube, teils mit feinen Falten, teils aber auch mit ausgeprägten Rippen. Kleiner Kelch mit geschlossenen, mittellangen, aufrechten Blättchen. Gelblich weißes Fleisch, feinzellig, weinsäuerlich und muskatartig gewürzt. Zuckergehalt 14,1 % Brix (54–60 °Oe).
Der Baum: Schwacher Wuchs mit flachkugeliger Krone und fein verzweigt. Die Blüte ist unempfindlich, deshalb ein guter Träger. Die Sorte ist aber krebs- und mehltauanfällig und verlangt mäßig fruchtbare, durchlässige Böden.
Besondere Merkmale: Kugelförmige Frucht mit flachem Kelch und typisch über die ganze Frucht bis zur Stielgrube sich fortsetzende, abgesetzte Streifen.
Beurteilung als Brennfrucht: Die unempfindliche Blüte mit dem guten Ertrag spricht für die Sorte. Es sollte aber die Krebs- und Mehltauanfälligkeit beachtet werden. Mittelhohe Ausbeute und fruchtiges Destillat mit edlem Muskataroma.

Oberländer Himbeerapfel

Weitere Namen: 'Roter Winter-Himbeerapfel', 'Himbeerapfel', 'Hansenapfel', 'Erdbeerapfel'.
Herkunft: Stammt aus Oberschwaben/Baden-Württemberg und wurde von E. Lucas 1854 beschrieben. Ist heute nur noch selten zu finden.

Allgemeine Beurteilung: Der dunkelpurpurrote Apfel hat einen feinen, gewürzten Geschmack und gute Lagereigenschaften. Die Sorte ist aufgrund der vielseitigen Verwendbarkeit der Frucht und der Robustheit der Bäume auch für den Streuobstbau in höheren Lagen empfehlenswert.
Die Frucht: Mittelgroß bis groß (L = 70 mm, B= 75 mm), insgesamt unregelmäßig, manchmal auch ungleichhälftig, hoch gebaut und meist kegelförmig abgestumpft. Ende September pflückreif und von Oktober bis März genussreif. Die Frucht hat eine unebene Oberfläche mit schwachen breiten Kanten. Kurzer, mitteldicker Stiel. Kelchgrube zimtfarben berostet, mit kleinem bis mittelgroßem Kelch. Gelblich weißes bis weißes Fruchtfleisch, häufig bis zur Gefäßbündellinie rot geädert, wenig saftig und von feinem, zimtartig gewürztem Zuckergeschmack. Zuckergehalt 14,3 % Brix (55–60 °Oe).
Der Baum: Starkwüchsig, verzweigt sich aber gut und wird ziemlich groß. Sehr frosthart und damit auch für Höhenlagen geeignet. Die Blüte erscheint spät, der Ertrag setzt früh ein, er ist gleichmäßig und hoch.
Besondere Merkmale: Purpurrote Schale mit violetter Bereifung und durchscheinenden, hellen Lentizellen. Rote Adern in fast weißem Fruchtfleisch.
Beurteilung als Brennfrucht: Die robuste, starkwüchsige Sorte eignet sich für den Streuobstbau auch in höheren Lagen. Durch die späte Blüte weniger frostanfällig. Die Sorte bringt deshalb auch gleichmäßige und auch hohe Erträge. Die Ausbeute ist mittelhoch. Das Destillat ist fruchtig, mit feinem, leicht zimtartigem Geschmack und lässt sich unter dem Sortennamen gut vermarkten.

Orleansrenette

Weitere Namen: 'Princess Noble', 'Goldrenette', 'Triumph Reinette', 'New Yorker Renette', 'Holländer Pepping', 'Dörells Renette'.
Herkunft: Die sehr alte Sorte stammt aus Frankreich und wurde dort 1621 erstmals erwähnt.

Allgemeine Beurteilung: Hervorragend schmeckender, ertragreicher Tafelapfel mit guter Haltbarkeit, der auch bestens zum Dörren geeignet ist.
Die Frucht: Mittelgroß (L = 55–60 mm, B = 65–75 mm), kugelförmig abgeflacht bis plattrund. Die blassgelbe Grundfarbe wird später goldgelb, und die Sonnenseite der Frucht ist verwaschen gerötet bis orange, eben „orlean" gefärbt, z. T. auch leicht streifig. Schale matt, etwas rau, und mit großen, eckigen und erhabenen Lentizellen und einzelnen Rostfiguren. Flache bis mittelweite, schüsselförmige Kelchgrube, unterbrochen ringförmig berostet. Kelch mittelgroß bis groß, halb bis ganz geöffnet, mit kurzen, sehr breiten Blättchen. Das feine, weißgelbe Fruchtfleisch hat einen delikaten, würzigen und leicht weinsäuerlichen Geschmack und ein harmonisches Zucker-Säure-Verhältnis. Zuckergehalt 14,9 % Brix (56–63 °Oe).
Der Baum: Mittelgroßer Wuchs mit breiter, pyramidenförmiger Krone. Die Sorte blüht mittelfrüh und kommt früh in Ertrag. Sie ist sehr fruchtbar und wenig schorfanfällig.
Besondere Merkmale: Typische Fruchtfarbe, flache, schüsselförmige Grube und meist offener Kelch mit sehr breiten Blättchen.
Beurteilung als Brennfrucht: Die Sorte ist sehr fruchtbar, kommt früh in Ertrag und ist wenig schorfanfällig. Sie verlangt aber einen guten, warmen Boden und nicht zu trockene Lagen. Der Apfel schmeckt hervorragend und hat einen hohen Zuckergehalt. Die Ausbeute ist deshalb hoch, und das würzige Destillat hat einen feinen, delikaten Geschmack.

Rheinischer Bohnapfel

Weitere Namen: 'Bohnapfel', 'Weißer Bohnapfel'.
Herkunft: Zwischen 1750 und 1760 im Neuwieder Becken am Niederrhein entdeckt. Bereits 1797 von Sickler beschrieben.

Allgemeine Beurteilung: Bei guter Ausreife zählt die Sorte als Aromaträger zu den besten Apfelsorten für die Verwertung. In ausgesprochenen Hochlagen reift sie bisher jedoch noch oft nicht genügend aus.
Die Frucht: Mittelgroß (114–180 g), oft fass- bis walzenförmig, teils auch kugelförmig. Baumreife Mitte Oktober bis Anfang November, bis Mai/Juni haltbar. Gelbgrüne Grundfarbe, Deckfarbe braunrot marmoriert bis kurz geflammt mit bläulichem Unterton. Flache Stielgrube, oft strahlig hellbraun berostet. Kurzer bis mittellanger, dicker Stiel, meist knopfig. Sehr flache Kelchgrube mit mittelgroßem Kelch, geschlossen bis halb geöffnet. Kurze Blättchen, am Grund getrennt. Gelblich weißes Fruchtfleisch, grobzellig, sehr fest und etwas trocken, süßsäuerlich und nur schwach gewürzt. Zuckergehalt 14,1 % Brix (55–60 °Oe).
Der Baum: Am Anfang mittelstarker, später starker Wuchs. Die Bäume können sehr alt werden und bilden eine großvolumige kugelige oder auch pyramidale Krone. Die triploide Sorte blüht mittelfrüh und lang anhaltend. Der Ertrag setzt spät ein, ist mittel bis hoch, aber stark alternierend. Die Sorte ist etwas schorfanfällig, sonst aber sehr robust und widerstandsfähig, auch gegen Spätfrost, außerdem sehr anpassungsfähig, deshalb eine wertvolle Sorte für den Streuobstbau.
Besondere Merkmale: Fassförmige Frucht mit knopfigem Stiel, Deckfarbe mit bläulichem Unterton.
Beurteilung als Brennfrucht: Eine empfehlenswerte Sorte für den Streuobstanbau, da sehr widerstandsfähig und anpassungsfähig. Bei guter Ausreife mit guter Verwertung in der Brennerei. Die Ausbeute ist meist mittel bis hoch, das Destillat fruchtig, leicht aromatisch und zartherb im Gaumen.

Ribston Pepping

Weitere Namen: 'Granatrenette', 'Goldrabau'.
Herkunft: Nicht eindeutig geklärt, wahrscheinlich 1708 auf Schloss Ribston (England) entstanden.

Allgemeine Beurteilung: Eine sehr alte Sorte, die zu den Goldrenetten zählt, auch heute noch wird der Geschmack als überragend empfunden. Die Anfälligkeit gegen verschiedene Schaderreger, der Pflegeaufwand sowie die Nährstoffansprüche des Baumes sind aber zu berücksichtigen.
Die Frucht: Mittelgroß (L = 50–60 mm, B = 60–70 mm), teils kugelförmig abgeflacht, teils breit kegelförmig, stielbauchig, mit flachen, breiten Kanten. Pflückreif ab Mitte Oktober, haltbar bis Februar. Schale etwas rau, trocken, kaum glänzend, bei Vollreife goldgelb mit braun- bis karminroter Deckfarbe, die teils gelborange marmoriert ist. Kelchgrube mitteltief, mit Rost um den Kelchbereich. Kelch mittelgroß, mit langen, spitzen Kelchblättern. Das gelblich weiße Fleisch ist fest, wird aber bei der Lagerung bald mürbe. Es schmeckt süß, würzig und ist edelaromatisch, ähnlich der Sorte 'Cox Orange'. Zuckergehalt 14 % Brix (57–62 °Oe).
Der Baum: Mittelstarker bis starker Wuchs mit großer, breitpyramidaler Krone. Die Blüte der triploiden Sorte ist unempfindlich. Früh einsetzender Ertrag, dieser wird aber durch Fruchtfall und Alternanz beeinträchtigt. Die Sorte ist anfällig für Mehltau, Krebs und Blutlaus. Sie stellt relativ hohe Ansprüche an den Standort, bevorzugt durchlässige, nährstoffreiche Böden und kann nur bis in mittlere Lagen empfohlen werden.
Besondere Merkmale: Berosteter Kelchbereich, lange und meist taube Kerne sowie edles Aroma.
Beurteilung als Brennfrucht: Eine empfehlenswerte Sorte in guten Lagen und bei guter Pflege. Die Ausbeute beim Brennen ist gut und die Destillatqualität sehr gut, feinfruchtig mit vollem Cox-Aroma.

Rubinella®

Weitere Namen: 'Bay 4029'.
Herkunft: Im Jahr 2004 von MICHAEL NEUMÜLLER am Bayerischen Obstzentrum 2005 als Nachkommenschaft der Kreuzung 'Pomona' × 'Rafzubex' (Rubinette®) aus Samen gezogen. 2016 unter der Bezeichnung 'Bay 4029' zum Sortenschutz angemeldet.

Allgemeine Beurteilung: Äußerst aromatischer, festfleischiger und lange haltbarer Apfel. Leider nicht ganz schorffest. Für den Erwerbsanbau als Sorte ideal für die Vermarktung ab Januar im Anschluss an 'Rubinette®', da diese nicht lange haltbar ist.
Die Frucht: Mittelgroß (70–75 mm, etwa 160 g), rundlich bis stumpfkegelförmig. Mitte bis Ende Oktober pflückreif (mit 'Braeburn'). Mittellanger, relativ dünner Fruchtstiel in mäßig tiefer, feinschuppig berosteter Stielgrube. Grundfarbe grüngelb, Deckfarbe bis zu 85 %, leicht gestreift bis verwaschen rot. Während der Lagerung wechselt die Grundfarbe zu Orangegelb. Fruchtfleisch cremefarben, mittelfeinzellig, sehr fest (9–10 kg/cm^2). Mittlere Saftigkeit. Hoher Zuckergehalt (15,3 % Brix, 55–65 °Oe) bei niedrigem Säuregehalt (5,5–2,5 g/l). Auch im Normallager sehr lange haltbar (bis Juli), im CA-Lager bis zur nächsten Ernte. Stark ausgeprägtes Aroma, das sich im Lauf der Lagerung noch deutlich steigert. Mit Anklängen von Mango und Banane.
Der Baum: Schwacher bis mittelstarker Wuchs mit endständigen Blütenknospen. Keine Neigung zur Alternanz. Der Ertrag setzt früh ein und ist sehr regelmäßig.
Besondere Merkmale: Hohe und lang anhaltende Festigkeit des Fruchtfleischs.
Beurteilung als Brennfrucht: Unverwechselbares Aroma bei hoher Ausbeute durch den hohen Zuckergehalt. Früchte müssen nicht sofort eingemaischt werden, sondern können etliche Monate auch unter weniger günstigen Bedingungen gelagert werden.

Rubinette

Weitere Namen: ‘Rafzubin’.
Herkunft: Im Jahr 1966 von Walter Hauenstein in Rafz (Schweiz) aus dem Samen eines frei abgeblühten ‘Golden Delicious’ gewonnen. Als Vater-Sorte wird ‘Cox Orange’ vermutet.

Allgemeine Beurteilung: Wertvolle Sorte im Erwerbsanbau, mit hoher innerer Qualität und hoher, regelmäßiger Fruchtbarkeit. Auch bestens für die Verwertung geeignet. Sorte hält allerdings nicht sehr lange, beginnt bald zu schrumpfen.
Die Frucht: Mittelgroß (65–75 mm), stumpfkegelförmig, Ende September bis Anfang Oktober reif. Im Naturlager bis Dezember haltbar. Gelblich grün bis grünlich gelb, auf der Sonnenseite rötlich gelb marmoriert bis orangerot gefärbt. Wenig attraktiv wegen der grünlich getönten Grundfarbe. Langer, dünner Stiel in mäßig tiefer, feinschuppig berosteter Grube. Grünlich weißes bis cremefarbenes Fruchtfleisch, feinzellig und saftig, intensiver Geschmack, aromatisch und fruchtig. Hoher Zuckergehalt, 15,7 % Brix (57–65 °Oe).
Der Baum: Nur mittelstarker Wuchs, straff nach oben strebend. Mittelgroße bis große, kräftig grüne Blätter, häufig gewölbt und scharf gezähnt. Mittelfrühe Blüte und ein guter Pollenspender. Der Ertrag setzt früh ein und ist auch regelmäßig, mit geringer Blütenfrostempfindlichkeit. Leider etwas schorfanfällig. Nicht besonders wärmebedürftig, aber trotzdem für ausgesprochene Höhenlagen weniger geeignet.
Besondere Merkmale: Farbe der Schale, sehr guter Geschmack und langer, dünner Stiel.
Beurteilung als Brennfrucht: Durch die regelmäßigen Erträge, den hohen Zuckergehalt und den aromatisch fruchtigen Geschmack eine interessante Sorte für die Brennerei. Hohe Ausbeute und aromatisches Destillat.

Signe Tillisch

Herkunft: Wurde im Jahr 1866 von dem Kammerherrn Tillish in Bjerre, Jütland (Dänemark) aus Samen gezogen und nach seiner Tochter Signe benannt, seit 1884 verbreitet.

Allgemeine Beurteilung: Ein hochfeiner Tafelapfel, der auch heute noch den gehobenen Ansprüchen gerecht wird. Wegen des späten Ertragsbeginns und der Druckempfindlichkeit wird die Sorte nicht im Erwerbsanbau empfohlen. Die recht anfällige Sorte sollte ein Mindestmaß an Pflanzenschutz bekommen.
Die Frucht: Mittelgroß (150–250 g), unregelmäßig, manchmal auch ungleichhälftig. Ende September pflückreif und bis November genussreif. Sie ist kugelförmig bis stark abgeflacht mit unebener Oberfläche und mittelstarken bis starken Kanten. Die grünlich gelbe Grundfarbe hat nicht immer eine Deckfarbe, wenn vorhanden, ist sie hellrot verwaschen. Die dünne Schale wird schnell fettig. Kelchgrube tief, mit ausgeprägten Rippen oder breiten Kanten. Kelch groß, meist halb offen, mit langen, breiten Blättchen. Fleisch cremefarben, saftig und weich, sehr aromatisch. Zuckergehalt 11,8 % Brix (42–50 °Oe).
Der Baum: Mittelstarker Wuchs mit breiter, pyramidaler Krone. Die Blüte ist witterungsempfindlich. Der Ertrag setzt spät ein, ist dann aber ausreichend hoch. Die Sorte neigt allerdings zur Alternanz. Sie wird nur für gute Standorte bis in mittlere Lagen empfohlen und die Krankheitsanfälligkeit ist zu beachten.
Besondere Merkmale: Fettige Schale mit starkem Geruch.
Beurteilung als Brennfrucht: Die Sorte ist eine Liebhabersorte, die nur für gute Standorte empfohlen wird. Die Ausbeute ist mittelhoch, das Destillat aber fein und sehr aromatisch, eine ausgesprochene Spezialität, die auch entsprechend vermarktet werden kann.

Sirius

Herkunft: Entstanden aus einer Kreuzung von 'Golden Delicious' × 'Topaz' am Institut für experimentelle Botanik in Prag, Züchtungsstation Strizovice (Tschechien).

Allgemeine Beurteilung: Triploide, schorfresistente und allergenarme Apfelsorte mit gelben, geschmackvollen, knackigen Früchten, die in Form und Geschmack alle Vorteile der Elternsorten 'Golden Delicious' und 'Topaz' besitzt. Eignet sich für den Erwerbs- und Streuobstanbau.
Die Frucht: Mittelgroß bis groß (160–190 g), kugelig, zeitgleich mit 'Topaz' Ende September bis Anfang Oktober reifend, im Naturlager bis März lagerfähig. Kelchgrube tief, schüsselförmig, Kelch geschlossen, mit langen Kelchblättchen. Stielgrube fast immer strahlenförmig berostet, mit langem und dünnem Stiel. Grünlich gelbe Grundfarbe, bei Vollreife ist diese gelb und intensiver als bei 'Golden Delicious'. Selten ein leichter gelborangefarbener Hauch auf der Schale. Gelbes und sehr saftiges, knackiges Fruchtfleisch, aromatisch und mit leichtem Ananasgeschmack, Zuckergehalt 14,8 % Brix (56–64 °Oe).
Der Baum: Mittelstarker bis starker Wuchs, Kronenform ähnlich der Sorte 'Jonagold'. Der Baum ist gesund und pflegeleicht und bringt regelmäßige, gute Erträge. Schorfresistent (Vf) und nur wenig mehltauanfällig, aber empfindlich für die Regenfleckenkrankheit.
Besondere Merkmale: Allergenarme Apfelsorte, tiefe, schüsselförmige Kelchgrube mit geschlossenem Kelch und strahlenförmig berostete Stielgrube.
Beurteilung als Brennfrucht: Der gesunde, pflegeleichte Baum und die regelmäßigen Erträge sind Vorteile dieser geschmackvollen Sorte. Für eine gute Brenneignung spricht der hohe Zuckergehalt, der zu einer guten Ausbeute führt. Das Destillat ist feinaromatisch, mit leichtem Ananasgeschmack.

Topaz

Herkunft: Die Sorte wurde am Institut für experimentelle Botanik in Prag, Züchtungsstation Strizovice (Tschechien) gezüchtet. Sie entstand aus einer Kreuzung der Sorten 'Rubin' × 'Vanda' und erhielt 1998 EU-Sortenschutz.

Allgemeine Beurteilung: Die Sorte wurde als schorfresistente (Vf) Sorte herausgegeben, seit 2001 zeigt sich aber, dass sie in verschiedenen Regionen von Schorf befallen wird. Die Sorte hat ein festes Fleisch mit gutem bis sehr gutem Geschmack und gute Lagereigenschaften. Auf Hochstamm neigt sie allerdings in verschiedenen Regionen zu Kleinfrüchtigkeit, ausgelöst durch die Apfeltriebsucht (Phytoplasmen).
Die Frucht: Mittelgroß (150–200 g), flachrund, leicht gerippt. Die Früchte reifen Ende September bis Anfang Oktober und halten sich im Naturlager bis Februar. Schale glatt, stellenweise leicht berostet. Grundfarbe gelb, mit kräftigem Rot bedeckt, z. T. streifig. Fruchtfleisch fest, saftig, mit harmonischem Zucker- und Säuregehalt, angenehm aromatisch. Durchschnittlicher Zuckergehalt 14,5 % Brix (45–60 °Oe°), Säuregehalt zwischen 7 und 12 g/l.
Der Baum: Mittelstark wachsend, zuerst aufrecht, später mit breiter Verzweigung. Die Sorte gedeiht in allen Apfellagen. Auf schwach wachsenden Unterlagen werden die Früchte aber deutlich größer als auf Sämlingsunterlagen. Die Sorte blüht früh bis mittelfrüh und ist empfindlich für Spätfröste. Sie kommt früh in Ertrag und dieser ist hoch und regelmäßig. Die Sorte ist anfällig für Feuerbrand und Apfeltriebsucht.
Besondere Merkmale: Flachrunde, feste Frucht mit ausgeprägter Kelchgrube.
Beurteilung als Brennfrucht: Der früh eintretende und auch hohe Ertrag spricht für den Anbau dieser Sorte, ebenso die geringen Standortansprüche. Der relativ hohe Zuckergehalt lässt eine gute Ausbeute erwarten. Das Destillat ist fruchtig und angenehm aromatisch.

Zuccalmaglio

Weitere Namen: 'Von Zuccalmaglios Renette', 'Zuccalmaglio Renette'.
Herkunft: Züchtung von D. Uhlhorn jun. in Grevenbroich im Jahr 1878, benannt nach dem Justizrat von Zuccalmaglio.

Allgemeine Beurteilung: Vorzügliche Tafelsorte für den Garten. Hohe Erträge und ein feinwürziges Aroma sind ein Merkmal dieser Sorte. Ein Ausdünnen ist notwendig, um ausreichend große Früchte zu bekommen. Im Zusammenhang mit dem schwachen Wuchs kann die Sorte als Hochstamm nur auf besten Böden empfohlen werden.
Die Frucht: Klein bis mittelgroß (110–135 g), in der Form variabel, meist etwas hoch gebaut oder kugelförmig abgeflacht. Pflückreif im Oktober und genussreif von November bis Februar. Grundfarbe weißlich grün, bei Vollreife auch zitronengelb. Die Deckfarbe ist orange bis rötlich verwaschen, und die Früchte sind meist weißlich bereift. Sie haben eine weite Kelchgrube mit feinen Falten, häufig auch mit schwachen Rippen. Kelch mittelgroß, halb bis ganz geöffnet. Blättchen mittellang, mit zurückgebogenen Spitzen. Das weißgelbe Fleisch ist fest, saftig und fein aromatisch. Zuckergehalt 13 % Brix (49–54 °Oe).
Der Baum: Schwach wachsend, mit kleiner, pyramidaler Krone. Die Sorte blüht mittelfrüh und ist wenig empfindlich, auch gegen Spätfrost. Sie kommt früh in Ertrag und hat meist einen sehr hohen Behang. Etwas anfällig gegen Schorf und Blutlaus, bevorzugt nährstoffreiche Böden.
Besondere Merkmale: Weißlich bereifte, matte Schale mit etwas erhabenen, teils aufgerissenen und verkorkten Lentizellen.
Beurteilung als Brennfrucht: Die hohen Erträge und die allgemein geringe Empfindlichkeit sind positive Merkmale. Die Sorte hat allerdings hohe Standortansprüche. Ein relativ hoher Zuckergehalt spricht für eine gute Ausbeute und das feine Aroma lassen ein interessantes Destillat erwarten.

Nägelesbirne im Winter.

Die Birne

Der Beginn der Entwicklung dürfte ähnlich wie beim Apfel verlaufen sein. Aus primitiven Pflanzenformen mit Chromosomenzahlen von 8 und 9 entstanden solche mit 17. Die nachfolgende Verdopplung gab einen Chromosomensatz von 34. Birnen haben damit den gleichen diploiden Chromosomensatz wie Äpfel. Bei beiden Obstarten gibt es aber auch triploide Sorten. Da bei diesen der Pollen schlecht ausgebildet ist, eignen sie sich nicht als Befruchtersorte.
Zur Entwicklung unserer heutigen Birnen-Kultursorten haben zahlreiche Wildarten beigetragen, die in Europa und Asien verbreitet sind. Unsere Mostbirnen sollen im Wesentlichen von den auch in Europa verbreiteten Wildformen der Holzbirne (*Pirus pyraster*) und der Schneebirne (*Pyrus nivalis*) sowie der Salbeibirne (*Pyrus salvifolia*) abstammen.
An der Entstehung der europäischen Kultursorten waren aber auch noch andere asiatische bzw. mediterrane Arten beteiligt. Als ein wichtiges Genzentrum werden die Gebiete um den Kaukasus angesehen. Ähnlich dem Apfel kam die Birne im Zuge der Völkerwanderung nach der Eiszeit von dort aus auf den Balkan und dann später nach Griechenland und nach Italien, um schließlich das westliche Europa zu erreichen. Erste Berichte über die Birne findet man in Homers „Odyssee“.
Im antiken Griechenland kam die Birne zuerst in Hochkultur. Bereits 300 Jahre v. Chr. werden erste Sortennamen erwähnt. Zur weiteren Entwicklung kam es dann bei den Römern. Plinius der Ältere (23–79 n. Chr.) beschrieb schon drei Dutzend Sorten, von denen uns einige Namen sehr bekannt vorkommen, wie ‘Honigbirne’, ‘Königsbirne’, ‘Quittenbirne’, ‘Faustbirne’ oder ‘Venusbirne’ und viele andere. Die heute noch bei uns vorkommenden Sorten mit gleichem Namen dürften aber nicht identisch sein mit den damaligen. Gegen Ende des Römischen Reiches wurden bereits 80 Sorten namentlich genannt, und mit den Römern kamen die Kultursorten auch nach Deutschland. In der darauffolgenden germanischen Völ-

Nägelesbirne im Frühling.

kerwanderung gingen die Kenntnisse über den Obstbau und die Sorten aber weitgehend verloren.
Ähnlich wie beim Apfel führten Klöster und der Adel den Anbau der Birne wieder ein. Zu Beginn des 17. Jahrhunderts waren in Europa etwa 260 Sorten bekannt. Die volkswirtschaftliche Bedeutung der Birne war lange Zeit sehr groß, mussten süße Birnen doch den teuren Zucker ersetzen.
Das goldene Jahrhundert für die Sortenentstehung bei der Birne begann Mitte des 18. Jahrhunderts in Frankreich und Belgien. Dort entstanden aus Samen zahlreiche neue Sorten mit gut schmeckenden Früchten und schmelzendem Fruchtfleisch. Der Großteil unserer heutigen Tafelbirnen geht auf diese Arbeiten von Esperen, Hardenpont sowie van Moons zurück. Alle Sorten dieser Züchter waren aber Zufallssämlinge von Aussaaten bestimmter Sorten. Die systematische Züchtung setzte erst ab 1900 ein, war aber wesentlich weniger intensiv als beim Apfel.

Zur Verwertung in der Brennerei kommen Tafelbirnen und Mostbirnen, z. T. aber auch Wirtschaftsbirnen (siehe unten).
Als eine der wenigen **Tafelbirnen** wird die Sorte 'Williams Christ' speziell für die Verwertung in der Brennerei angebaut. Bei den meisten anderen Tafelbirnen kommt, wie beim Apfel auch, nur die nicht verkaufsfähige Ware in das Fass.
Mostbirnen werden als primitive Kultursorten betrachtet, die als Zufallssämlinge entstanden sind. Diese Sämlinge gingen oft aus Tresterabfällen der Mostbereitung hervor, die man in Baumschulen auf die Flächen ausbrachte, oder wurden von Obstbauern selbst aus Hecken oder Wäldern ausgegraben. Diese Sorten verbreiteten sich vor allem in etwas kühleren Gegenden, in denen der Most das wichtigste Getränk war. Erst nach dem Zweiten Weltkrieg wurde er durch Bier ersetzt.

Nägelesbirne im Sommer.

Wirtschaftsbirnen sind Birnen, die vor allem zur Herstellung von Kompott und Trockenfrüchten geeignet sind oder aus denen früher auch Mus (Latwerge) bereitet wurde. Sie bilden eine Zwischenstufe zwischen Tafel- und Mostbirnen. Getrocknete Birnen (Dörrbirnen) bewahrten viele unserer Vorfahren vor dem Verhungern in Winterzeiten.

Most- und Wirtschaftsbirnen haben zwar ihre frühere Bedeutung verloren. Die meist mächtigen Bäume haben aber einen ethisch-kulturellen Wert und auch eine landschaftsprägende Wirkung. Durch ihre Größe, die wunderschöne Blüte und die prächtige Herbstfärbung verleihen sie unserer Kulturlandschaft ein eigenes Flair. Interessant sind diese Sorten außerdem für die Brennerei. Besonders unter den Dörrbirnen, für die es lange Zeit keine Verwendung mehr gab, sind viele hoch interessante Sorten zu entdecken. In unseren Streuobstwiesen stecken noch viele unentdeckte Schätze.

Birnendestillate sind heute sehr geschätzt, und so wurde die Birne zum Liebling vieler Schnapsbrenner. Es gibt keine andere Obstart, die eine solche Vielfalt von Aromen enthält wie die Birne. Im Unterschied zu anderen Früchten besitzt sie Aromakomponenten, die auch im Brand noch intensiv und unverwechselbar an frische Birnen erinnern. Auch die Gerbstoffe sind typische Inhaltsstoffe vieler Sorten und prägen das Destillat mit, sie sorgen für eine besondere Würze des Destillats. Der Zuckergehalt von Birnen, besonders von Most- und Wirtschaftsbirnen, ist meist deutlich höher als beim Apfel, dies führt in der Regel auch zu einer höheren Ausbeute. Allerdings darf man nicht vergessen, dass Birnen auch einen beachtlich hohen Anteil an unvergärbarem Sorbit enthalten können. Eigene Untersuchungen zeigten, dass dieser im Extremfall bis zu 25 % des gesamten Zuckergehaltes betragen kann. Durchschnittlich lag er je nach Jahr zwischen 6,7 und 9 %.

Der auflebende Edelbrand-Boom zum Ende des 20. Jahrhunderts hat auch viele Frühsorten mit kleineren Früchten vor dem sicheren Aussterben gerettet. Als Beispiel sei die ‘Palmischbirne’ angeführt, deren Früchte jahrzehntelang nicht mehr

Nägelesbirne im Herbst.

verwertet wurden und plötzlich wieder gefragt sind. Auch die meisten Dörrbirnen geben ein interessantes Destillat. Auffallend ist, dass der Großteil der Sorten, die aromatische Brände liefern, früh reift und auch oft schnell teigig wird. Für die Brenner sind solche Sorten nicht einfach zu handhaben. Damit die Früchte ihr Aroma bewahren, sollten sie nämlich eingeschlagen werden, bevor sie richtig teigig werden, und das kann sehr schnell gehen. Manche Sorten, wie z. B. die 'Nägelesbirne', beginnen in manchen Jahren schon auf dem Baum teigig zu werden. Auch die hohen Temperaturen, die in diesen Jahreszeiten noch herrschen, können problematisch werden. Birnen, die bei warmen Temperaturen längere Zeit auf dem Boden liegen, neigen bei beschädigten Früchten schnell zu Gärung und Essigbildung. Deshalb sollten die Früchte möglichst alle zwei Tage aufgelesen werden.
Da Birnen wenig Säure haben, ist die Einstellung des pH-Werts auf 2,8–3 in der Maische besonders wichtig, damit die Vermehrung von Bakterien unterbunden wird. Notwendig für die Aromaerhaltung ist ein langsamer Gärprozess und damit Temperaturen von unter 18 °C. Sie sollten aber auch nicht unter 14 °C absinken, damit die Maische in 4–6 Wochen vollständig vergoren ist. Nach Möglichkeit sollte dann sofort die Destillation erfolgen.

Fässlesbirne

Weitere Namen: 'Märzenbirne', 'Jungfrauenbirne', 'Kirchweihbirne', 'Krebsbirne' u. a.

Allgemeine Beurteilung: Recht fruchtbare, große alte Bäume, die vor allem am Fuß der Schwäbischen Alb noch oft vorkommen. Wertvolle Dörrbirne und gesuchte, hervorragende Brennbirne.
Die Frucht: Mittelgroß (50–80 g), birnenförmig, mittelbauchig, gegen den Kelch abgerundet und stielseitlich leicht verjüngt. Die Frucht ist Anfang bis Mitte September reif und wird bald teigig. Schöne Fruchtfarbe, hell- bis zitronengelbe, glatte Schale, auf der Sonnenseite leicht rötlicher Anflug. Kaum berostet, aber öfters leichte Schorfflecken. Mittellanger Stiel, aufsitzend und leicht fleischig. Offener Kelch mit kurzen, schmalen, an der Basis verwachsenen Kelchbättern. Mittelfestes, feinzelliges Fruchtfleisch, das schnell teigig wird, süßlich und leicht würzig, mit schönem Aroma und geringem Gerbstoffgehalt. Zuckergehalt 15,9 % Brix (60–70 °Oe).
Der Baum: Mächtige, große und alte Bäume mit rundovaler Krone. Dichtes, feines und typisch hängendes Fruchtholz. Die Sorte blüht früh, kommt auch früh in Ertrag und bringt hohe, regelmäßige Ernten. Sie hat geringe Ansprüche an den Standort und eignet sich auch gut für höhere Lagen.
Besondere Merkmale: Fruchtform, -farbe und -geschmack ähnlich einer kleinen Tafelbirne, dünnes hängendes Fruchtholz.
Beurteilung als Brennfrucht: Der hohe Ertrag und die geringen Ansprüche an den Standort sprechen für die Sorte. Die Empfindlichkeit gegen Feuerbrand ist mittelhoch. Die Frucht ist zwar nur mittelgroß und wird auch bald teigig, aber eine gute Ausbeute, und vor allem die sehr gute Destillatqualität (feinfruchtig mit schönem Birnenaroma) machen die Sorte sehr empfehlenswert.

Gelbmöstler

Weitere Namen: 'Gelbe Mostbirne vom Bodensee' (Lucas 1854), 'Gälmöstler', 'Welsche Bergbirne', 'Helleger Mostbirne' (Vorarlberg).
Herkunft: Zufallssämling aus der Nordschweiz, seit Ende des 18. Jahrhunderts stärker verbreitet.

Allgemeine Beurteilung: Relativ früh reifende und sehr fruchtbare, wertvolle Most- und interessante Brennbirne mit schöner Herbstfärbung, die Früchte werden relativ schnell teigig. Noch sehr häufig in Süddeutschland, Österreich und in der Schweiz verbreitet, ist aber feuerbrandanfällig.
Die Frucht: Mittelgroß (L = 47–60 mm, B = 48–60 mm, 58–94 g), flachkugelig, reift Mitte bis Ende September, wird nach dem Abfallen bald teigig. Auf der Schale befinden sich zahlreiche braune Punkte, von denen oft die Berostung ausgeht. Die grüngelben, bei Vollreife goldgelben Früchte haben z. T. auf der Sonnenseite einen orangefarbenen Anflug. Fruchtfleisch gelblich weiß, sehr saftig und grobzellig, süßherb und leicht würzig, zimtartig. Zuckergehalt etwa 15 % Brix (55–70 °Oe).
Der Baum: Mittelstarker Wuchs mit pyramidaler Krone und kräftigen Ästen, nach außen stark hängend. Die Sorte blüht früh, hat eine lange Blütezeit und ist wenig witterungsempfindlich, deshalb hoher und regelmäßiger Ertrag. Sie ist wenig anspruchsvoll an den Standort und gedeiht auch in Hochlagen.
Besondere Merkmale: Gelbe Fruchtfarbe, schnelles Teigigwerden und würziger Geschmack.
Beurteilung als Brennfrucht: Vorteilhaft ist der hohe und regelmäßige Ertrag, nachteilig das schnelle Teigigwerden der Frucht. Die feinherbe, leicht aromatische Frucht gibt ein durchaus interessantes Destillat.

Gellerts Butterbirne

Weitere Namen: 'Beurre Hardy', 'Hardys Butterbirne'.
Herkunft: In Frankreich von M. Bonnet um 1820 in Boulogne-sur-Mer gezüchtet, nach dem Direktor des Jardins de Luxembourg Hardy benannt. Oberdieck gab ihr 1838 den Namen des Liederdichters Gellert.

Allgemeine Beurteilung: Geschmacklich eine der feinsten Herbstbirnen. Die Ansprüche an den Standort sind gering und sie ist auch wenig schorfempfindlich, daher gut für den Streuobstbau geeignet. Vielseitig verwendbar als Tafelbirne, Dörr-, Saft-, Konserven- und Brennbirne.
Die Frucht: Mittelgroß (L = 75–90 mm, B = 60–85 mm, 130–200 mg, in der Form von birnen- bis stumpfkegelförmig variierend, z. T. auch walzenförmig. Ab Mitte September reifend und bis Ende Oktober haltbar. Grundfarbe stumpfgrün bis grün, vollreif ocker- bis bronzefarben. Sortentypisch ist der feine bräunliche Rost, von dem die ganze Frucht überzogen ist. Der kurze, dicke Stiel wird oft durch eine Fleischwulst zur Seite gedrückt. Gelblich weißes Fruchtfleisch, sehr saftig, schmelzend und süß, mit feiner, würziger Säure. Zuckergehalt 13 % Brix (48–57 °Oe).
Der Baum: Starkwüchsig mit wenigen steilen Ästen, dadurch ergibt sich eine hochpyramidale Krone. Kräftige, dunkelgrüne, glänzende und schiffartig geformte Blätter. Hervorragende Verträglichkeit mit Quittenunterlagen, deshalb häufig als Zwischenveredlung benutzt. Hohe Erträge, aber alternierend.
Besondere Merkmale: Bronzefarbene, berostete Früchte, typischer Wuchs mit wenigen steilen Ästen und dunkelgrüne, glänzende, schiffartig geformte Blätter.
Beurteilung als Brennfrucht: Die relativ unempfindliche Sorte mit guten Erträgen ist auch für den Streuobstbau interessant. Die Ausbeute ist mittelhoch bis gut und das Destillat mild, mit feinem, aber auch würzigem Birnenaroma.

Gensbirne

Weitere Namen: 'Gänsbirne', 'Gelbe Leutsbirne', 'Wirgerbirne', 'Gapernbirne'.
Herkunft: Die Sorte dürfte aus Niederösterreich stammen und wurde erstmals 1913 von J. Löschnig beschrieben.

Allgemeine Beurteilung: Eine kleine, längliche, gelbe Frucht mit leicht herbem, aber aromatischem Fruchtfleisch. Die typische Dörrbirne bringt gute Erträge und ist auch zum Rohgenuss brauchbar.
Die Frucht: Länglich, birnenförmig, mittelgroß (im Durchschnitt 41 g). Sie ist Anfang bis Mitte September reif und hält ungefähr 2 Wochen. Schale fein, in der Reife glänzend gelb und mit feinen Rostpunkten besetzt. Kelch klein, offen, mit unvollkommenen, aufrecht stehenden Blättchen in mäßig tiefer Einsenkung. Stiel ziemlich lang, mittelstark, an der Basis gelb und am Ende braun, sitzt oft schief auf einem Fleischwulst oder wird von diesem seitlich weggedrückt. Fleisch weißlich, grob-körnig, saftreich, süß und mäßig herb, mit Muskatelleraroma, wird aber bald teigig. Zuckergehalt 13,6 % Brix (50–60 °Oe).
Der Baum: Wächst langsam, wird aber sehr groß und ist im Alter breitkronig, mit starken Ästen und feiner Verzweigung. Die Sorte kommt früh in Ertrag und bringt regelmäßige, hohe Erträge. Der Baum wird zwar alt, aber er beansprucht für eine gute Fruchtausbildung bessere Böden.
Besondere Merkmale: Fruchtgeschmack, glänzende Schale und stark hohlachsiges Kernhaus.
Beurteilung als Brennfrucht: Die Sorte bringt gute und auch regelmäßige Erträge, und der Baum wird alt. Die Früchte sind relativ klein und halten ungefähr 2 Wochen. Die Ausbeute ist gut, und das Destillat hat eine hervorragende Qualität mit typischem Birnenaroma, das an das „Williamsaroma“ erinnert.

Gute Graue

Weitere Namen: 'Graue Sommer-Butterbirne', 'Schöne Gabriele', 'Graubirne', 'Judenbirne', 'Weinbirne' u. a.
Herkunft: Wahrscheinlich Frankreich. Sehr alte Sorte, schon im 17. Jahrhundert bekannt.

Allgemeine Beurteilung: Sehr gut schmeckende Frühbirne, die wegen ihrer Anspruchslosigkeit und dem guten Ertrag früher vor allem in kühleren Gebieten sehr geschätzt wurde. Die Frucht ist relativ klein und unscheinbar, für den Streuobstbau jedoch eine interessante Sorte.
Die Frucht: Klein (50–70 g), kegel- bis birnenförmig. Grüngelbe Grundfarbe, durch den braungrauen Rostüberzug meist nur wenig sichtbar, auf der Sonnenseite z. T. leicht braunrot. Auffallende, sehr große, graue Lentizellen. Relativ dicker und langer Stiel, holzig bis leicht fleischig. Offener Kelch, an der Basis verwachsen, mit großen, langen Kelchblättern in ganz flacher Grube. Saftiges und schmelzendes Fruchtfleisch, das bald teigig wird. Angenehm süß, Zuckergehalt 13,6 % Brix (50–60 °Oe), leicht weinsäuerlich, würzig und edelaromatisch.
Der Baum: Die Sorte wächst stark und gibt große, eichenartige Bäume, die weit über 100 Jahre alt werden, mit breiter bis hochkugeliger, etwas sparriger Krone. Blüte mittelfrüh und kurz, die Sorte gilt als frosthart, kommt erst spät in Ertrag, bringt dann hohe Ernten, meist aber nur jedes zweite Jahr. Sie ist recht widerstandsfähig gegen Krankheiten und Schädlinge.
Besondere Merkmale: Graubraune Frucht mit sehr großen, auffallenden Lentizellen, frühe Reife mit angenehmem Geschmack.
Beurteilung als Brennfrucht: Die recht widerstandsfähige Sorte kommt spät in Ertrag, dieser ist jedoch hoch, die Sorte alterniert aber. Geschmacklich interessante Frucht mit schönem, würzigem Birnenaroma. Die Ausbeute ist mittelhoch, die Destillatqualität kann jedoch als hoch bezeichnet werden.

Gute Luise

Weitere Namen: 'Prinz von Württemberg', 'Franz. Rousselet', 'Bergamotte de Avranches' u. a.
Herkunft: 1778 von de Longueval in Avranches (Frankreich) aus Samen gezogen und nach seiner Frau benannt.

Allgemeine Beurteilung: Aufgrund des sehr guten Geschmacks eine beliebte Herbsttafelbirne. Die Sorte liebt warme Lagen und ist stark anfällig für Schorf.
Die Frucht: Mittelgroß (150–200 g), regelmäßig birnenförmig, Mitte September pflückreif und bis Oktober haltbar. Schale glatt, mit schmutzig grüner bis grünlich gelber Grundfarbe sowie rötlich brauner bis gelblich roter Deckfarbe, die flächig verwaschen ist. Zahlreiche, kleine, rot umhöfte Lentizellen, ähnlich der Forellenbirne. Kleiner, meist halboffener Kelch, mit schmalen, aufrechten, meist hornartigen Blättern in schüsselförmiger Kelchgrube. Gelblich weißes Fruchtfleisch, feinzellig schmelzend und saftreich, süß mit feiner, würziger Säure sowie aromatisch.
Der Baum: Wuchs anfangs mittel bis stark, später durch den hohen Ertrag nur noch schwach, neigt dann zur Vergreisung. Hochpyramidale Krone mit schräg stehenden Gerüstästen, dicht mit Seitenholz besetzt. Mittelfrühe Blüte mit kurzer Blütezeit, wenig witterungsempfindlich. Frühe und hohe, regelmäßige Erträge. Starke Anfälligkeit für Schorf.
Besondere Merkmale: Rötlich braune Deckfarbe mit auffallenden, rot umhöften Lentizellen.
Beurteilung als Brennfrucht: Eine Sorte mit früh einsetzenden und hohen Erträgen und hoher Fruchtqualität, deshalb weit verbreitet. Mittelhohe Ausbeute mit hoher Destillatqualität, fein fruchtig und aromatisch.

Gwährbirne

Weitere Namen: 'Hanauer Gewürzbirne'.
Herkunft: Mittelbadische Lokalsorte.

Allgemeine Beurteilung: Eine Sorte mit kleiner langstieliger Frucht, sehr gute Verwertungsbirne zum Dörren und für die Brennerei.
Die Frucht: Klein (L= 45–50 mm, B = 40–45 mm), kreiselförmig, Ende August bis Mitte September reifend, auf der Kelchseite stark abgeflacht, mit dünnem, gebogenem und sehr langem Stiel (über 50 mm) und mit starker Berostung um den Kelch sowie einzelnen Rostfiguren. Grüngelbe Grundfarbe und bräunlich rote Deckfarbe. Kleine, nicht auffallende Lentizellen. Offener Kelch mit großen, sternchenförmig aufliegenden Kelchblättern, die am Grund verwachsen sind. Grünlich weißes, festes Fruchtfleisch, wird später teigig, mit wenig Gerbstoff, süßwürzig und aromatisch. Zuckergehalt 14,2 % Brix (50–65 °Oe).
Der Baum: Stark wachsend und wenig krankheitsanfällig, deshalb gut für den Streuobstbau geeignet. Kommt früh in Ertrag und bringt hohe Ernten.
Besondere Merkmale: Sehr langer, leicht gebogener Stiel, Berostungskappe um den Kelch und auffallend große Samen.
Beurteilung als Brennfrucht: Die stark wachsende Sorte eignet sich gut für den landschaftsprägenden Streuobstbau. Sie kommt früh in Ertrag und bringt hohe Ernten. Der mittlere bis hohe Zuckergehalt bringt eine gute Ausbeute. Das sehr gute Destillat ist aromatisch und würzig.

Herbstfeigenbirne

Weitere Namen: 'Herbst-Grunbirne', 'Pfaffenbirne'.
Herkunft: Unbekannt. Von E. Lucas im Jahr 1854 erstmals erwähnt und kurz beschrieben. In Süddeutschland und auch in Luxemburg verbreitet.

Allgemeine Beurteilung: Reich tragende Herbstbirne mit schönem Wuchs und geringen Standortansprüchen. Wegen der vielfältigen Verwendung früher geschätzte Sorte. Die Sorte ist leider etwas anfällig für Feuerbrand.
Die Frucht: Klein bis mittelgroß (L = 40–50 mm, B = von 35–50 mm, 50–80 g), ei- bis kreiselförmig, stielwärts mit leichter Einschnürung, Ende September bis Anfang Oktober reif, nach dem Abfallen bald teigig werdend. Schale hell- bis gelbgrün, z. T. auf der Sonnenseite leichte Röte, mit zahlreichen, graubraunen Lentizellen sowie vereinzelten Berostungen. Fleisch saftig, mittelfest, grobzellig, würzig, hat kaum Gerbstoff, die Frucht ist deshalb durchaus essbar. Zuckergehalt im Durchschnitt 14,5 % Brix (55–65 °Oe).
Der Baum: Starker Wuchs mit schöner, dichter, kugelförmiger Krone. Typisch sind die kräftigen, reich mit kurzem Fruchtholz besetzten Äste. Die olivgrünen bis bräunlichen Jahrestriebe sind stark filzig. Dünne, länglich ovale, ganzrandig gewellte Blätter. Die Sorte trägt reich und regelmäßig und ist wenig anfällig für Krankheiten, außer für Feuerbrand. Wenig anspruchsvoll an den Standort.
Besondere Merkmale: Sortentypische dichte Krone mit graugrüner Belaubung. Mittelgroße, eiförmige Früchte, würzig und essbar.
Beurteilung als Brennfrucht: Die hohen, regelmäßigen Erträge, geringe Standortansprüche, gute Ausbeute und ein interessantes aromatisches Destillat sprechen für diese Sorte.

Herzogin Elsa

Weitere Namen: 'Elsa', 'Duchesse Elsa'.
Herkunft: Von Hofgärtner J. B. Müller im Jahr 1879 am Schloss Wilhelma (Stuttgart) gefunden, seit 1885 im Handel.

Allgemeine Beurteilung: Anspruchslose Tafelbirne mit aromatischen Früchten, die auch in Hochlagen gut angebaut werden kann. Sie war früher in Württemberg und auch in Sachsen weit verbreitet. Die Anfälligkeit gegen Holz- und Blütenfröste sowie auch gegen Schorf ist sehr gering. Die Sorte eignet sich für den Streuobstbau.
Die Frucht: Mittelgroß bis groß (170–190 g), birnen- bis stumpfkegelförmig, mit grünlich bis rötlich gelber Grundfarbe. Die ganze Frucht ist mit netzartiger oder fleckiger Berostung überzogen. Betont dicker und langer Stil. Offener Kelch mit schmalen, aufrechten Kelchblättern. Das weißliche Fruchtfleisch ist halbschmelzend, saftig und süß, mit sortentypischem Aroma. Zuckergehalt 14,5 % Brix (55–65 °Oe).
Der Baum: Schwacher Wuchs mit kompakter, breitpyramidaler Krone. Äste mit kurzem Fruchtholz dicht besetzt. Die Sorte neigt zur Vergreisung, deshalb ist ein Verjüngungsschnitt erforderlich. Die Blüte ist mittelspät, wenig frost- und witterungsempfindlich, deshalb gibt es regelmäßige Erträge. Typisch sind die schmalen, am Rand leicht gesägten Blätter, die durch den langen Stiel ständig in Bewegung sind (Zitterlaub).
Besondere Merkmale: Berostung der Frucht, typischer Stiel und Zitterlaub des Baumes.
Beurteilung als Brennfrucht: Die Sorte überzeugt durch regelmäßige Erträge sowie durch die geringe Schorfanfälligkeit, sodass sie auch für den Streuobstbau empfohlen werden kann. Die süße, aromatische Frucht eignet sich sehr gut zum Brennen, gibt eine gute Ausbeute und ein aromatisches, feines Birnendestillat.

Junker Hans

Weitere Namen: 'Messieur Jean', 'Meister Hans', 'Goldener Hans', 'Hansenbirne', 'Römische Eierbirne' u. a.
Herkunft: Sehr alte Sorte, bereits 1665 in Frankreich erwähnt. Es gibt verschiedene Spielarten, z. B. 'Grauer Junker Hans' oder 'Goldener Junker Hans'.

Allgemeine Beurteilung: Eine geschmacklich recht gute, wenig anspruchsvolle Sorte, früher in Deutschland an der Bergstraße und am Hardtgebirge weit verbreitet. Noch Mitte des 19. Jahrhunderts stark vermehrt. Ausgezeichnete Dörr- und Brennbirne.
Die Frucht: Klein bis mittelgroß (50–60 g), rundlich bis kreisförmig, wird Mitte bis Ende Oktober reif und hält 4–6 Wochen. Die 'Goldene Junker Hans' (Bild oben) ist stielwärts nicht eingezogen, sondern läuft gewölbt aus. Die Frucht hat eine zitronengelbe Grundfarbe, ist aber fast ganz von oliv- bis zimtfarbenem Rost überzogen, auf der Sonnenseite z. T. leicht braunrot. Auffällige große Lentizellen. Sehr gleichmäßige Kelchgrube mit mittelgroßen, z. T. aufliegenden, oft gelblichen Kelchblättern, an der Basis verwachsen. Gelblich weißes, festes Fruchtfleisch, zimtartig, würzig und süß, kaum Gerbstoff, hoher Zuckergehalt, 17,1 % Brix (70–80 °Oe). Die 'Graue Junker Hans' ist weniger süß.
Der Baum: Starker, pyramidaler Wuchs mit dichter Belaubung und dunkelgrünen, relativ dicken, länglich-eirunden Blättern. Fruchtbare und gesunde Sorte, liebt tiefgründigen Boden.
Besondere Merkmale: Runde bis kreisförmige, fast ganz hellbraun berostete Frucht, süß und kaum Gerbstoff.
Beurteilung als Brennfrucht: Die gesunde und fruchtbare Sorte liebt tiefgründige Böden. Die Ausbeute ist hoch und die Destillatqualität sehr gut, mit feinem, zimtartigem Birnenaroma.

Karcherbirne

Weitere Namen: 'Kargenbirne', 'Karchenbirne', 'Kragenbirne'.
Herkunft: Zufallssämling aus Gaildorf bei Schwäbisch Hall

Allgemeine Beurteilung: Sehr wertvolle Mostbirne mit hohem Zuckergehalt. Die großkronigen, gesunden Bäume sind bestens für den landschaftsprägenden Obstbau und auch für kühlere Lagen geeignet.
Die Frucht: Mittelgroß (50–100 g), flachkugelig oder bergamotteförmig, kelchbauchig und stielwärts mit typischer Einschnürung, welche der Sorte den Namen gab, reift Ende September bis Anfang Oktober. Schale schmutzig grün, rau, mit der Zeit heller werdend. Frucht mit zahlreichen, auffallenden, großen Lentizellen und einzelnen Rostfiguren. Kelchgrube mitteltief, mit kurzen bis mittellangen, halb aufrecht stehenden Kelchblätter. Das grobzellige Fruchtfleisch ist saftig, süßherb und würzig sowie zusammenziehend. Der Zuckergehalt ist mit 18,2 % Brix (66–80 °Oe) sehr hoch. Wenn die Früchte längere Zeit am Boden liegen, werden sie teigig.
Der Baum: Starkwüchsig, mit mächtiger, hochovaler, relativ dichter Krone. Blüte mittelfrüh. Die Sorte bringt hohe Erträge, ist wenig krankheitsanfällig, feuerbrandresistent und kaum anfällig gegenüber dem Birnenverfall. Sie ist sehr anpassungsfähig an den Standort und bekommt im Herbst eine wunderschöne rotviolette Blattfärbung.
Besondere Merkmale: Raue Schale, Fruchtform, Wuchs- und Kronenform sowie purpurfarbene Herbstfärbung der Blätter.
Beurteilung als Brennfrucht: Der hohe Ertrag sowie die Gesundheit des Baumes sprechen für eine Pflanzung im Streuobstbau. Der hohe Zuckergehalt gibt eine sehr gute Ausbeute. Die Destillatqualität ist gut, mit fruchtigem Birnenaroma.

Kieffers Seedling

Weitere Namen: 'Kieffer Hybrid', 'Amerikanische Butterbirne'.
Herkunft: Zufallssämling der chinesischen Sandbirne, 1863 in Roxborough, USA gefunden, Vater vermutlich die 'Williams Christbirne', 1876 nach dem Baumschuler KIEFFER benannt.

Allgemeine Beurteilung: Die Hybride aus der chinesischen mit der europäischen Birne ist sehr widerstandsfähig gegenüber dem Feuerbrand und geschmacklich für die Brennerei interessant.
Die Frucht: Eiförmig, mit leicht ausgezogener, abgestumpfter Spitze, dem Stiel zu leicht eingeschnürt, wiegt im Durchschnitt 90 g (80–130 g), wird Mitte bis Ende Oktober reif und hält bis Anfang Dezember. Grundfarbe hellgrün, später grüngelb, Deckfarbe oft nicht vorhanden, z. T. ein schmutziges Braun- bis Orangerot auf der Sonnenseite. Deutliche, mittelgroße bis große, graubraune Lentizellen. Kurzer und kräftiger Stiel in enger und wulstiger Grube. Kelch halboffen, in mitteltiefer, stark wulstiger Grube. Fruchtfleisch gelblich weiß, sehr fest, mittel- bis grobzellig, eigenartig gewürzt und von süßem, quittenartigem Geschmack, mit leichtem Gerbstoffgehalt und bei Vollreife müskiert.
Der Baum: In der Jugend sehr kräftiger Wuchs mit hochpyramidaler Krone. Durch den hohen, regelmäßigen Ertrag ergibt sich später eine breit ausladende, fast hängende Krone. Die Sorte ist anspruchslos an Boden und Standort sowie wenig anfällig für Krankheiten, dies gilt auch für den Feuerbrand.
Besondere Merkmale: Form der Frucht mit ausgeprägter Kelchpartie und eigenartiger, sortentypischer Geschmack.
Beurteilung als Brennfrucht: Ertragshöhe und Regelmäßigkeit sowie eine gewisse Feuerbrandresistenz sind die positiven Eigenschaften dieser Sorte. Die Ausbeute ist gut, und das Destillat hat einen besonderen sortentypischen Geschmack, stark würzig und müskiert.

Knausbirne

Weitere Namen: 'Weinbirne', 'Fassfüller', 'Pfullinger Birne', 'Frühe Frankfurter' u. a.
Herkunft: Unbekannt. Schon von J. C. Schiller (1794) in der Baumschule vermehrt.

Allgemeine Beurteilung: Sehr große, eichenartige Bäume. Früher beliebte Hutzelbirne und in Württemberg die am häufigsten vorkommende Birnensorte. Sie trug zum Aufschwung des Obstbaus bei. Weil Dörrbirnen keine Rolle mehr spielen, ist sie heute nur noch selten anzutreffen.
Die Frucht: Groß (L = 55–80 mm, B = 50–70 mm, 70–180 g), birnenförmig, am Kelch abgerundet und gegen den Stil leicht eingeschnürt, Mitte bis Ende September reif und nur eine Woche haltbar, die Früchte werden dann teigig. Schale glatt, leicht glänzend, gelbgrün, später gelb und auf der Sonnenseite schön karmin- z. T. auch dunkelrot, mit zahlreichen großen Punkten. Mittellanger Stiel in kleiner Grube. Gelblich weißes Fruchtfleisch, saftig, herbsüß und würzig, wird schnell teigig. Zuckergehalt 16,5 % Brix (60–75 °Oe).
Der Baum: Kräftiger Wuchs, bildet sehr große, wuchtige, eichenartige Bäume mit dicken Ästen und kräftigem, kurzem, stark verzweigtem Fruchtholz. Die Sorte blüht mittelfrüh. Anspruchslose Sorte, kommt früh in Ertrag und bringt hohe, regelmäßige Ernten.
Besondere Merkmale: Große, gelbrote, bauchige Frucht, öfters mit Schorfflecken. Kräftige, eichenartige Bäume.
Beurteilung als Brennfrucht: Die Sorte ist eine typische Birne für den Streuobstanbau. Sie kommt früh in Ertrag und bringt hohe, regelmäßige Ernten. Zu beachten ist, dass die Früchte relativ schnell teigig werden, sie sollten deshalb mindestens zweimal in der Woche aufgelesen werden. Mittlerer Zuckergehalt und mittelhohe Ausbeute. Die Sorte gibt ein würziges Destillat mit feinem Birnenaroma. Sollte mit dem Zusatz *„Früher wichtigste Sorte in Württemberg“* vermarktet werden.

Köstliche aus Charneux

Weitere Namen: 'Bürgermeisterbirne', 'Grashoffs Leckerbissen', 'Legipont'.
Herkunft: Von M. Legipont um das Jahr 1800 als Zufallssämling auf seinem Gut in Charneux bei Lüttich (Belgien) in einer Hecke gefunden. Schon 1828 durch W. Walker in Hohenheim vermehrt.

Allgemeine Beurteilung: Anspruchslose Herbstbirne mit geringen Wärmeansprüchen. Eignet sich auch gut für den Streuobstanbau.
Die Frucht: Mittelgroß bis groß (L = 75–100 mm, B = 50–60 mm, 141–275 g), birnen- bis kegelförmig, im Relief oft flach und leicht kantig, pflückreif je nach Lage von Ende September bis Mitte Oktober, 3–4 Wochen haltbar. Grüne, später gelbe bis zitronengelbe Grundfarbe. Auf der Sonnenseite leicht streifig rot, z. T. auch kräftig ziegelrot. Zahlreiche, auffällige Lentizellen. Gelblich weißes, feinzelliges Fleisch, sehr saftig und schmelzend. Die Früchte schmecken süß, mit schwacher Säure, und feinwürzig. Zuckergehalt 14 % Brix (40–50 °Oe).
Der Baum: Starker Wuchs mit sortentypischer Betonung des Mitteltriebs. Die Sorte blüht mittelfrüh und ist eine gute Befruchtersorte. Der Ertrag setzt spät ein, ist dann aber hoch und regelmäßig. Wenig schorfanfällig.
Besondere Merkmale: Schmalpyramidale Krone, etwas flachgedrückte Frucht mit typischen Lentizellen und schiffartig gefaltetes und gebogenes Blatt.
Bewertung als Brennbirne: Die geringen Standortansprüche, die Witterungsunempfindlichkeit und die damit verbundenen regelmäßigen Erträge sprechen für diese Sorte. Die Ausbeute ist mittelhoch, das Destillat ist mild und hat ein feines, lang anhaltendes Birnenaroma.

Mollebusch

Weitere Namen: 'Mundnetzbirne'.
Herkunft: Die Sorte stammt aus Frankreich, wo sie bereits seit 1630 bekannt gewesen sein soll. Der Name ist aus dem französischen „Mouille bouche" abgeleitet, was auch zu den weiteren Namen 'Mundnetzbirne' geführt hat. Heute Lokalsorte im Rhein-Main-Gebiet, an der Bergstraße und in Mainfranken. Inzwischen selten anzutreffen.

Allgemeine Beurteilung: Die Sorte wächst sehr stark und ist deshalb nur für größere Gärten oder den Streuobstbau geeignet. Eine angenehme, süß schmeckende Herbstbirne. Heute eine begehrte Brennfrucht.
Die Frucht: Mittelgroß bis groß (120–160 g), rundlich bis kegelförmig, wird Mitte bis Ende September reif und ist im Naturlager 2–4 Wochen haltbar. Dicke Schale mit gelbgrüner Grundfarbe und mit sehr großen, sortentypischen, hellen Lentizellen, auf der Sonnenseite manchmal leicht gerötet. Weißlich gelbes, feinkörniges, sehr saftiges und schmelzendes Fruchtfleisch. Süßer Geschmack mit feinem, muskatartigem Aroma, Zuckergehalt 14 % Brix (53–60 °Oe).
Der Baum: Sehr starker Wuchs, gibt sehr große, markante, landschaftsprägende Bäume, die sehr alt werden. Früh eintretender und reicher Ertrag. Die winterfrostharte Sorte ist anfällig für Feuerbrand, Schorf und Gitterrost und liebt wärmere Lagen.
Besondere Merkmale: Rundliche, grüne Frucht mit sehr großen, hellen Lentizellen.
Beurteilung als Brennfrucht: Nur eine Sorte für wärmere Lagen, dort besonders für den Streuobstbau geeignet. Die Ausbeute ist mittelhoch, das Destillat hat einen kräftig fruchtigen Geschmack mit einer exotischen Note. In Nase und Geschmack eine Einheit mit langem Stehvermögen am Gaumen.

Nägelesbirne

Weitere Namen: 'Olivenbirne', 'Gsälzbirne', 'Hutzelbirne' und 'Negelsche Birne'.
Herkunft: Unbekannt. Von E. Lucas (1854) erstmals erwähnt.

Allgemeine Beurteilung: Die Sorte ist eine typische Dörrbirne, sie gibt aber auch ein hervorragendes Birnendestillat mit Williamsaroma. Wuchs, Gesundheit und Herbstfärbung sprechen für einen landschaftsprägenden Anbau. Die Sorte kommt in manchen Gegenden Süddeutschlands noch häufiger vor.
Die Frucht: Groß (L = 50–80 mm, B = 47–70 mm, 70–180 g), birnenförmig, Anfang bis Mitte September reif. Die Früchte sind nur kurz haltbar, denn sie werden schnell teigig, manchmal schon auf dem Baum. Schale grünlich gelb bis olivefarben, auf der Sonnenseite bräunlich rot gefärbt, mit großen Lentizellen. Frucht am Kelch und auf der Stielseite oft flächig berostet. Fruchtfleisch fest, gelblich weiß, süßherb, leicht würzig und zimtartig. Gerbstoffgehalt relativ niedrig, Zuckergehalt bei 14,8 % Brix (55–65 °Oe).
Der Baum: Fällt im Sommer durch sehr gesundes, dunkelgrünes Laub und im Herbst durch eine schöne Herbstfärbung auf, kommt früh in Ertrag und bringt hohe, regelmäßige Ernten. Die sehr gesunde Sorte kann in allen Lagen angebaut werden. Sie ist resistent gegenüber dem Birnenverfall und kaum anfällig für Feuerbrand.
Besondere Merkmale: Große, olivfarbene Frucht, die wenig herb ist und schnell teigig wird, schöner Wuchs, gesundes Laub und schöne Herbstfärbung.
Beurteilung als Brennfrucht: Hohe und regelmäßige Erträge, gute Gesundheit und Vitalität des Baumes. Die Früchte werden schnell teigig. Die Ausbeute ist mittelhoch, die Destillatqualität hervorragend, mit Williamsaroma und lang anhaltend.

Palmischbirne

Weitere Namen: 'Böhmische Birne', 'Mädlesbirne', 'Schwabenbirne'.
Herkunft: Unbekannte, sehr alte Sorte, schon 1598 von J. Bauhin als 'Böhmische Birne zu Boll' erwähnt.

Allgemeine Beurteilung: Hervorragende Brennbirne mit sehr großen, eichenartigen Bäumen, wenig anfällig für Krankheiten. Häufig in Süddeutschland zu finden, aber auch in Österreich und in der Schweiz.

Die Frucht: Klein (L = 45–52 mm, B = 45–52 mm, 50–60 g), bei guter Pflege deutlich größer, kreiselförmig, Anfang bis Mitte September reif. Schale grünlich gelb, später hellgelb, oft vollständig mit goldartigem Rost überzogen, wirkt dadurch kaffeebraun, z. T. auf der Sonnenseite leicht gerötet. Charakteristische große, helle Punkte. Weißlich gelbes, mittelfestes, grobzelliges Fruchtfleisch, das bald teigig wird. Süßherb, würzig und durchaus essbar. Zuckergehalt 16,5 % Brix (60–80 °Oe).

Der Baum: Wird mächtig, erreicht ein hohes Alter (200 Jahre sind keine Seltenheit) und entwickelt auffallend starke, eigenartige Äste. Deutliches Kennzeichen am Stamm alter Bäume sind rundliche Auswüchse, sogenannte Sphäroblasten. Die Blüte ist früh, und die Sorte kommt früh in Ertrag, trägt reichlich und meist regelmäßig. Anspruchslos an den Standort, deshalb früher oft auf trockenen Keuperböden gepflanzt. Wenig krankheitsanfällig und weitgehend feuerbrandresistent.

Besondere Merkmale: Große, helle Lentizellen auf der braunrostigen Frucht, würziger Geschmack, typischer Wuchs und Sphäroblasten am Stamm älterer Bäume.

Beurteilung als Brennfrucht: Hoher und regelmäßiger Ertrag, sehr gesund und weitgehend feuerbrandresistent. Kleine Frucht, die relativ früh reift und teigig wird. Mittelhohe Ausbeute, hervorragendes Destillat mit breitem und lang anhaltendem Birnenaroma, recht mild, deshalb auch von Frauen geschätzt.

Petersbirne

Weitere Namen: 'Rote Margaretenbirne', 'Lorenzbirne', 'Weizenbirne', 'Großvaterbirne', 'Rote Birne' u. a.
Herkunft: Alte, deutsche Sorte, wahrscheinlich in Sachsen entstanden. Schon 1794 in J. C. Schillers Baumschule vermehrt.

Allgemeine Beurteilung: Kleine, frühreife Birne, die als sächsisch-thüringische Nationalfrucht gilt. Eine robuste, wohlschmeckende und sehr anpassungsfähige Sorte, die relativ lang genussfähig bleibt und sich gut für den Streuobstbau eignet.
Die Frucht: Klein bis mittelgroß (50–60 g), kreisel- bis birnenförmig, dem Stiel zu leicht eingeschnürt. Grünlich gelbe Grundfarbe, die nur bei Schattenfrüchten hervortritt, sonst rötlich gelb, auf der Sonnenseite kräftiges Rot bis Braunrot, verwaschen, z. T. auch streifig mit kleinen Lentizellen. Mittellanger, holziger Stiel. Offener Kelch mit spitzen, hornartigen Kelchblättern in flacher Vertiefung. Gelblich weißes, feinzelliges Fruchtfleisch, halbschmelzend, süß und zimtartig, Zuckergehalt 13,5 % Brix (50–60 °Oe).
Der Baum: Starker, aufstrebender Wuchs, gibt große Bäume mit breitpyramidaler, dichter Krone. Mittelfrühe, lang andauernde Blüte, wenig witterungsempfindlich. Mittelfrüher Ertragsbeginn, dann hoch und regelmäßig.
Besondere Merkmale: Kleinere, mittelfrühe Birne mit roter Deckfarbe und zimtartig aromatischem Geschmack.
Beurteilung als Brennfrucht: Der hohe und regelmäßige Ertrag spricht für den Anbau. Er beruht auf einer geringen Witterungsempfindlichkeit in der Blüte. Die robuste Sorte eignet sich gut für den Streuobstbau. Die Früchte sollten aber nicht zu früh geerntet werden, damit sich das typische, zimtartige Aroma entwickelt. Die Ausbeute ist mittelhoch, das feine Destillat hat ein typisches Aroma.

Prinzessin Marianne

Weitere Namen: 'Frühe Bosc', 'Kaiserkrone', 'Salisbury'.
Herkunft: Um 1800 von VAN MONS gezüchtet und nach der zweiten Tochter des holländischen Königs benannt.

Allgemeine Beurteilung: Robuste Sorte, die sich vor allem in Nord- und Ostdeutschland, aber auch in höheren Lagen in Süddeutschland als Tafelbirne im Streuobstbau bewährt hat. Die Sorte wird oft mit 'Boscs Flaschenbirne' verwechselt, reift aber früher, ist etwas kleiner und erreicht nicht deren Geschmack.
Die Frucht: Mittelgroß (100–150 g), birnen- bis flaschenförmig, stielwärts etwas verjüngt, gegen den Kelch schön abgerundet, im Querschnitt etwas eckig. Trockene, grünlich gelbe Schale, die zur Reife heller wird, an der Sonnenseite bräunlich gerötet. Meist ist die ganze Frucht von einem gelbbraunen Rost überzogen. Hellbrauner, langer und dünner Stiel, meist leicht gekrümmt. Offener Kelch mit zugespitzten, aufrechten und am Grund getrennten Blättchen. Gelblich weißes Fruchtfleisch, süßsäuerlich und je nach Standort mehr oder weniger aromatisch und würzig.
Der Baum: Anfangs starker, später nur noch mittelstarker, pyramidaler Wuchs mit hängenden Ästen. Späte und lang andauernde Blüte führt zu regelmäßigen und hohen Erträgen. Die Sorte ist wenig anspruchsvoll und eignet sich gut für den landschaftsprägenden Anbau.
Bewertung als Brennfrucht: Die Höhe des Ertrags, seine Regelmäßigkeit sowie die geringen Ansprüche und Krankheitsanfälligkeit, auch im Streuobstanbau, sprechen, wie auch der Name, für die Sorte. Die Ausbeute ist mittelhoch und das Destillat hat ein schönes Birnenaroma.

Schlankelesbirne

Weitere Namen: 'Herbst-Zitronenbirne'.
Herkunft: Regionale Sorte aus dem Hohenloher Gebiet. In „Rathschläge zur Hebung der Obstkultur" von Oberamtsbaumwart Roll aus Amlishagen 1875 als Synonym der 'Herbst-Zitronenbirne' erstmals erwähnt.

Allgemeine Beurteilung: Große, schöne Frucht mit guten Erträgen und vielseitiger Verwendung als Koch-, Dörr- und Brennbirne.
Die Frucht: Groß, birnenförmig, wiegt 125 g (100–170 g), reift zwischen Mitte und Ende August und ist nur kurz haltbar. Kräftiger, mittellanger Stiel mit verdicktem Ende am Ansatz, öfters auch leicht fleischig. Kurze, hornartige Kelchblätter in flacher Kelchgrube. Die Grundfarbe ist hellgelb mit leichtem Rot auf der Sonnenseite, das bei Früchten vom Hochstamm meist fehlt. Zahlreiche, kleine Lentizellen, auf der Schattenseite grün umhöft. Fruchtfleisch relativ feinzellig, saftig und süß, mit gutem Muskeltelleraroma, Zuckergehalt 13,5 % Brix (50–60 °Oe).
Der Baum: Wird groß, bildet eine hochovale Krone, hat relativ kleine Blätter mit sehr langem Stiel. Die Sorte stellt keine großen Ansprüche an den Standort und empfiehlt sich auch für höhere Lagen. Sie ist wenig krankheitsanfällig und eignet sich für den Streuobstbau.
Besondere Merkmale: Typische hochovale Krone, sehr langer Blattstiel, Fruchtgröße und -farbe.
Beurteilung als Brennfrucht: Die Größe der Früchte sowie der gute Ertrag und die geringe Krankheitsanfälligkeit sowie Standortansprüche sprechen für die Sorte. Die Ausbeute ist nur mittelhoch, das Destillat mit feinem, mildem Aroma sowie Muskatellergeschmack überzeugt aber, sodass die Sorte als gute Brennbirne bezeichnet werden kann.

Seckelsbirne

Weitere Namen: 'Seckel', 'Rotbackige Seckelsbirne', 'New Yorker Rotbacken'.
Herkunft: Eine nordamerikanische Birne, die von dem Viehhändler Dutch Jacob gefunden und in der Nähe von Philadelphia aufgepflanzt wurde. 1817 erwarb ein Herr Seckel das Grundstück und gab der Birne den Namen. In Deutschland ab 1874 empfohlen.

Allgemeine Beurteilung: Eine relativ kleine Tafelbirne, die durch ihren hervorragenden Geschmack bekannt ist. Sie zählt in ihrer Reifezeit zu den besten Tafelbirnen, hält sich aber nicht lange. Die Sorte eignet sie auch zum Dörren, Backen und Brennen und ist resistent gegen Feuerbrand.
Die Frucht: Eirund bis kegelförmig, relativ klein (L = 65 mm, B = 53 mm), Mitte bis Ende Oktober reif und ungefähr eine Woche haltbar. Schale glatt und sehr fein, in der Vollreife goldgelb. Auf der Sonnenseite schön braunrot verwaschen, mit zahlreichen, kleinen Lentizellen, an Kelch- und Stielseite leicht berostet. Offener, kurzblättriger und hornartiger Kelch in flacher Einsenkung. Relativ kurzer und dicker Stiel. Gelblich weißes Fleisch, sehr saftig und butterhaft schmelzend, mit süßem und kräftigem Muskatellergeschmack. Zuckergehalt 16,4 % Brix (65–70 °Oe). Kurios ist, dass sich ein Großteil des aromatischen Geschmacks in der Schale befindet.
Der Baum: Wächst relativ schwach und bleibt auch klein. Er bildet eine schöne pyramidenförmige Krone und trägt jedes Jahr reichlich. Die Sorte gedeiht auf jedem Boden, ist aber etwas empfindlich in rauen Lagen. Sie ist wenig anfällig gegen Krankheiten und Schädlinge.
Beurteilung als Brennfrucht: Die geringe Krankheitsanfälligkeit, vor allem die Resistenz gegen Feuerbrand, sowie der hohe und regelmäßige Ertrag sind als positiv zu bewerten. Die Ausbeute ist gut und das Destillat von hoher Qualität mit schönem Birnenaroma. Eine Sorte, die auch für den Erwerbsanbau interessant sein könnte.

Sievenicher Mostbirne

Weitere Namen: 'Klotzenbirne' (an der Mosel).
Herkunft: Zufallssämling, der auf dem Sievenicher Hof bei Trier entdeckt wurde und seit 1860 vermehrt wird.

Allgemeine Beurteilung: Eine sehr wertvolle Mostbirne mit vielerlei Verwertungsmöglichkeiten und guten Erträgen. Die Sorte stellt wenig Ansprüche an den Standort und gibt sehr große und gesunde Bäume für den landschaftsprägenden Anbau. Sie kommt in Süddeutschland selten vor, sollte aber vermehrt gepflanzt werden.

Die Frucht: Mittelgroß (L = 40–50 mm, B = 40–50 mm, 50–70 g), kreiselförmig, dem Stiel zu leicht eingeschnürt und dem Kelch zu abgeplattet, reift Mitte September, ist 8–10 Tage haltbar und wird dann teigig. Schale grünlich gelb, bei Vollreife zitronengelb werdend, ohne Röte. Sie hat viele kleine Lentizellen und einzelne Rostfiguren. Das gelblich weiße Fruchtfleisch ist fest, süßherb und sehr saftig, Zuckergehalt 17,1 % Brix (60–80 °Oe).

Der Baum: Starker Wuchs mit rundlicher Krone. Die Äste sind mit kurzem Fruchtholz besetzt und haben kleine, rundliche Blätter. Mittelspäte bis späte Blüte und relativ unempfindlich gegen Witterungseinflüsse. Die prächtigen Bäume werden alt und sind sehr gesund. Die Sorte bringt hohe Erträge, stellt wenig Ansprüche an den Standort und eignet sich auch für rauere Lagen.

Besondere Merkmale: Kreiselförmige Frucht mit hellgrüner Schale, bei Vollreife zitronengelb. Baum mit typischer Krone.

Beurteilung als Brennfrucht: Die Sorte bringt hohe und meist auch regelmäßige Erträge. Sie ist wenig krankheitsanfällig und stellt geringe Ansprüche an den Standort. Die Ausbeute ist hoch und das Destillat fruchtig mit Birnenaroma.

Sipplinger Klosterbirne

Weitere Namen: 'Breite Weingärtler'.
Herkunft: Lokalsorte aus dem Raum Überlingen, 1906 erstmals beschrieben.

Allgemeine Beurteilung: Relativ große Kochbirne mit starkem Wuchs und guten Erträgen. Vielseitige Verwendung als Koch-, Most-, Dörr- und Brennbirne.
Die Frucht: Birnenförmig, gegen den Stil leicht eingezogen und am Kelch abgerundet, wiegt 90–160 g, wird Anfang bis Ende September reif. Grundfarbe hell- bis zitronengelb, Deckfarbe schön rot, mit forellenartigen Punkten. Leichte Berostung um Kelch und Stielgrube. Offener Kelch, aufsitzend und lange, schmale, aufrecht stehende Kelchblätter, die aber oft abgebrochen sind. Holziger, mitteldicker Stiel. Fruchtfleisch gelblich weiß, fest und saftig, mittel- bis grobzellig, süß-aromatisch, mit leichtem Zimtgeschmack und wenig Gerbstoff, Zuckergehalt 15,2 % Brix (60–65 °Oe).
Der Baum: Starker Wuchs mit hoher Krone und steil aufstrebenden Ästen. Die Sorte hat eine lange Lebensdauer, kommt früh in Ertrag und bringt hohe Ernten. Sie liebt gute, tiefgründige Böden.
Besonderheiten: Relativ große Frucht mit forellenartigen Punkten und wenig Gerbstoff.
Beurteilung als Brennfrucht: Der hohe Ertrag und die lange Lebensdauer sowie die großen Früchte sprechen für die Sorte. Die Krankheitsanfälligkeit ist gering, die Sorte ist nur in der Jugend etwas schorfanfällig und eignet sich gut für den Streuobstbau. Die Ausbeute ist mittelhoch, das Destillat ist fein und mild mit schönem Birnenaroma und leichtem Zimtgeschmack.

Sommerapothekerbirne

Weitere Namen: 'Bon Chrétien d'Eté', 'Große Zuckerbirne', 'Herrenbirne', 'Katelenbirne', 'Malvasierbirne', 'Plutzerbirne', 'Sommer-Christenbirne', 'Straßenburgerin', 'Türkenbirne', 'Zuckeratenbirne', 'Zuckerbirne', 'Palabirne'.
Herkunft: Die sehr alte Sorte wurde schon 1660 von Olivier de Serres in Frankreich erwähnt. Über die genaue Herkunft ist nichts bekannt.

Allgemeine Beurteilung: Eine interessante historische Sorte, die keine großen Ansprüche stellt, mit großen süßen, leicht müskierten Früchten. In Südtirol beliebte Brennbirne.
Die Frucht: Mittelgroß, dickbauchig-birnenförmig, oft unregelmäßig gebaut. Reifezeit Ende August bis Mitte September, Haltbarkeit etwa 3 Wochen. Schale fest, grün und trüb gerötet, später goldgelb, verwaschen gerötet und geflammt. Schalenpunkte zahlreich, unterschiedlich groß. Häufig kleinere Rostflecken. Fruchtfleisch gelblich weiß, saftig, fest und körnig, manchmal auch steinig. Geschmack sehr süß, mit leichter Säure, muskatellerartig gewürzt. Zuckergehalt 14,1 % Brix (52–65 °Oe).
Der Baum: Starker Wuchs mit breiter bis hochpyramidaler, etwas sparriger Krone (bis 20 m). Mittelfrüh blühend, Ertrag mittelfrüh einsetzend, hoch und regelmäßig. Die Sorte ist recht widerstandsfähig, aber etwas anfällig gegen Schorf und liebt nicht zu schwere Böden.
Besondere Merkmale: Recht große Frucht, ähnlich einer 'Williams Christ', und typisch gewundene Jahrestriebe.
Beurteilung als Brennfrucht: Der hohe, regelmäßige Ertrag und die großen, recht süßen Früchte mit muskatellerartigem Aroma sprechen für die Sorte. Ausbeute mittelhoch mit feinem Birnenaroma und leicht müskiert.

Sommereierbirne

Weitere Namen: 'Beste Birne', 'Saurüssel', 'Straßburger Bestebirne', 'Würzburger Zitronenbirne', 'Zitronenbirne', 'Pomeranzenbirne' u. a.
Herkunft: Um 1650 in Deutschland oder der Schweiz entstanden. J. Bauhin (1606–1685) soll sie aber auch schon als *Pyrum ovata* erwähnt haben. Ab Mitte des 19. Jahrhunderts stärker in Mitteleuropa verbreitet.

Allgemeine Beurteilung: Eine gut schmeckende Sommerbirne, die auch als Konservenfrucht sehr geschätzt war, da sie beim Kochen rein weiß bleibt.
Die Frucht: klein bis mittelgroß (L= 50–60 mm, B = 40–50 mm), kreisförmig bis elliptisch, reift Mitte bis Ende August und hält bis zu 3 Wochen. Der Bauch sitzt in der Mitte und nimmt gegen beide Seiten gleichmäßig ab. Schale etwas rau, gelbgrün, später hellgelb mit rötlichem Anflug, viele graue Punkte. Aufsitzender, kleiner, halboffener Kelch mit charakteristischen kleinen Fleischwarzen. Mattweißes Fleisch, saftig und schmelzend, bei Überreife schmierig, von eigenartigem, süßem, würzigem Geschmack, oft auch muskatellerartig. Zuckergehalt 13,7 % Brix (54–65 °Oe).
Der Baum: Wächst lebhaft, wird groß und alt. Die Äste sitzen dicht gedrängt am Baum, dadurch ergibt sich eine stark belaubte Krone mit hängenden Ästen. Stark behaarte Blätter, ganzrandig und oft wellenförmig. Der Baum kommt relativ spät in Ertrag, bringt dann aber hohe und auch regelmäßige Ernten. Die Sorte liebt tiefgründige Böden und warme Lagen, auf nassen Böden Gipfeldürre.
Besondere Merkmale: Fruchtform, typische Fleischwärzchen am Kelch und aufrecht stehende, kleine Kelchblättchen.
Beurteilung als Brennfrucht: Etwas spät einsetzender Ertrag, dann aber hoch und regelmäßig. Liebt warme Böden, auf nassen Böden Gipfeldürre. Die Ausbeute ist mittelhoch, das Destillat hat einen sortentypischen Geschmack mit muskatellerartigem Aroma.

Sommermuskatellerbirne

Weitere Namen: ‘Kleine lange Sommermuskateller’, ‘Röslesbirne’, ‘Heubirn’.
Herkunft: Sehr alte Sorte, stammt aus Thüringen oder Sachsen, schon 1798 im „Teutschen Obstgärtner“ beschrieben.

Allgemeine Beurteilung: Anspruchslose, früh reifende und gut schmeckende Sorte. Früher als Tafel- und als Dörrbirne verwendet.
Die Frucht: Mittelgroß (75–110 g), birnenförmig, reift Ende Juli und ist nur kurz haltbar. Gelblich grüne bis gelblich weiße Grundfarbe, bei Vollreife hellgelbe Schale mit hellem Rot und typischen Lentizellen auf der Sonnenseite. Relativ starker Stiel, 25–35 mm lang. Offener Kelch in flacher Grube mit kleinen, hornartigen Kelchblättern. Weißes Fruchtfleisch, halbschmelzend, fest und saftig, mit ausgeprägtem Muskatgeschmack und -geruch. Noch 2–3 Tage vor der Vollreife leicht herb, nur wenige Tage sehr guter Geschmack, weil die Frucht dann schnell teigig wird. Mittelhoher Zuckergehalt, 14,8 % Brix (58–62 °Oe).
Der Baum: Krone mittelgroß, Triebe und Äste mit kurzem, quirlartigem Fruchtholz besetzt. Frühe und sehr widerstandsfähige Blüte. Hohe Erträge, früh einsetzend, aber Alternanzgefahr. Geringe Ansprüche an Boden und Klima und kaum anfällig für Krankheiten und Schädlinge.
Besondere Merkmale: Birnenförmige Frucht mit typisch rot umrandeten Lentizellen und ausgeprägtem Muskatgeschmack.
Beurteilung als Brennfrucht: Die geringen Ansprüche und die Gesundheit sprechen für einen Anbau im Streuobstbau. Bei hohen Erträgen besteht die Gefahr der Alternanz. Die Frucht hat einen ausgeprägten Muskatgeschmack. Der optimale Zeitpunkt für das Einmaischen ist aber sehr kurz und beträgt nur wenige Tage. Die Ausbeute ist gut. Die Qualität des Destillats hängt, wie bei vielen frühreifen Sorten, stark vom richtigen Einmaischzeitpunkt ab, kann aber hervorragend sein.

Stuttgarter Geishirtle

Weitere Namen: 'Honigbirne', 'Zuckerbirne', 'Hutzelbirne'.

Allgemeine Beurteilung: Hervorragende, vielfach verwendbare Sommerbirne, in Süddeutschland noch häufiger in Hausgärten und auch Streuobstwiesen zu finden. Etwas anspruchsvoll an den Standort, liebt warme Lagen und Böden.
Die Frucht: Klein (50–70 g), glocken- bis perlförmig. Trübgrüne, später gelbgrüne Grundfarbe, auf der Sonnenseite mit zahlreichen dunkel-trübroten Lentizellen, bachforellenartig gepunktet. Deckfarbe bläulich rot bis braunrot und mit leichter Bereifung. Die Frucht ist um den Kelch herum fast immer leicht berostet. Mittellanger, verhältnismäßig starker Stiel, sitzt oben auf der Frucht oder ist nur leicht eingesteckt, oft mit kleinem Fleischwulst. Offener Kelch mit langen, zugespitzten, sternchenförmigen Kelchblättchen. Grünlich weißes, etwas körniges, später schmelzendes Fruchtfleisch, sehr saftig, mit teils säuerlicher Würze und feinem, zimtartigem Geschmack.
Der Baum: Mittelstarker, gleichmäßiger Wuchs mit spitzpyramidaler Krone. Frühe und lang anhaltende Blüte mit geringer Empfindlichkeit gegenüber Frost und schlechtem Blühwetter. Der Ertrag setzt früh ein und ist regelmäßig und hoch. Die Sorte eignet sich als Hochstamm und auch für die Spindelerziehung.
Besondere Merkmale: Größe, Farbe und vor allem Geschmack der Frucht.
Beurteilung als Brennfrucht: Der früh einsetzende, regelmäßige Ertrag spricht für die Sorte, wie auch die Tatsache, dass sie wenig blüh- und spätfrostempfindlich ist. Sie stellt aber relativ hohe Standortansprüche. An ungeeigneten Standorten neigt sie zu Zweigschorf und Gipfeldürre. Die Ausbeute ist mittelhoch und das Destillat mit feinem Birnenaroma. Vor allem der Name bzw. der Bekanntheitsgrad sprechen für die Sorte.

Subira

Weitere Namen: 'Suebira', 'Subirer'.
Herkunft: Lokalsorte, die hauptsächlich im Vorarlberger Unterland vorkommt. 1854 wurde die Lokalsorte von E. Lucas erwähnt, um 1920 war sie fast ausgestorben.

Allgemeine Beurteilung: Eine relativ großfruchtige Brennbirne mit einem interessanten Aroma und eine gute Dörrbirne.
Die Frucht: Birnenförmig, gegen den Stil leicht eingezogen und um den Kelch schön abgerundet, mittelgroß bis groß (75–110 g). Hellgrüne Grundfarbe, die bei Vollreife zitronengelb wird. Auf der Sonnenseite z. T. leicht orange-rötlicher Anflug. Unreif sehen die Früchte düster aus, mit der Reife werden sie freundlicher. Offener Kelch in ganz flacher Grube, mit auffälligen, sehr großen Kelchblättern, die meist sternchenförmig aufliegen. Mittellanger Stiel, der mit auffälligem Fleischknopf in die Frucht übergeht. Fruchtfleisch fest und wenig saftig, wird dann später teigig. Im Geschmack herb und würzig, mit feinem Williamsaroma. Zuckergehalt 14 % Brix (50–68 °Oe).
Der Baum: Wächst nur langsam und wird nicht besonders groß. Er wird aber sehr alt und kommt in Höhenlagen bis zu 1000 m in Vorarlberg vor. Die Sorte stellt keine großen Ansprüche an den Standort, liebt aber sonnige Lagen. Sie ist wenig anfällig für Krankheiten, wird aber vom Feuerbrand befallen.
Besonderheiten: Düster aussehende Frucht mit vielen Lentizellen und sehr großen, meist aufliegenden Kelchblättern. Stiel geht mit Fleischwulst in die Frucht über.
Bewertung als Brennbirne: Die Maische ist eher trocken und die Ausbeute liegt bei etwa 7 l/hl. Das Destillat zeichnet sich durch seinen Geschmack nach reifen Früchten und sein zartherbes Aroma mit feiner Gewürznote sowie Fülle und Pikanz aus. Überreife Birnen bringen unerwünscht breite Noten in das Destillat. **Subirer** ist eine geschützte Bezeichnung, das Destillat eignet sich für längere Lagerung.

Ulmer Butterbirne

Weitere Namen: ‘Ahlbecker Butterbirne’.
Herkunft: An der Straße von Ulm nach Albeck gefunden. 1868 als ‘Albecker Steigbirne’ erstmals beschrieben.

Allgemeine Beurteilung: Eine anspruchslose, kleine Tafel- und Haushaltsfrucht mit schöner Farbe. Eignet sich besonders für den Streuobstbau in höheren Lagen.
Die Frucht: Klein (40–60 g), kugel- bis kreiselförmig, wird Ende September bis Mitte Oktober reif und ist etwa 2 Wochen haltbar. Gelblich grüne, später hell- bis zitronengelbe Grundfarbe, auf der Sonnenseite hell- bis braunrot lackartig überzogen. Lentizellen sehr klein, im Rot hellgrau, sonst braun. Stiel auffallend lang (bis 60 mm), holzig. Kelch offen, in flacher Grube, Blättchen an der Basis verwachsenen, halb aufrecht und hornartig, oft abgebrochen. Gelblich weißes Fruchtfleisch, saftig und feinzellig, schmelzend und angenehm süß, mit etwas Würze. Zuckergehalt 13,8 % Brix (50–60 °Oe).
Der Baum: Kräftiger Wuchs mit hoch gebauter Krone und herabhängendem Fruchtholz, gibt große Bäume. Die Sorte kommt früh in Ertrag und ist sehr fruchtbar. Sie ist wenig anfällig für Krankheiten sowie wenig anspruchsvoll an den Standort und eignet sich auch für Höhenlagen.
Besondere Merkmale: Langer, dünner Stiel und rundliche Frucht mit schöner, gelbroter Farbe.
Beurteilung als Brennfrucht: Die Gesundheit und die geringen Ansprüche an den Standort sowie der hohe Ertrag sind Vorteile der Sorte. Die Ausbeute ist mittelhoch, das Destillat mit frischem Birnenton, dabei mild mit feinem Aroma.

Wahlsche Schnapsbirne

Herkunft: Von Erich Wahl in Hessental als Sämling an einem Bahndamm gefunden und Ende der 1980er-Jahre von W. Hartmann erstmals beschrieben.

Allgemeine Beurteilung: Eine nur mittelgroße, mittelfrüh reifende, hervorragende Brennbirne, die kaum Gerbstoffe enthält und ein sehr aromatisches Destillat gibt. Die Sorte wächst mittelstark und eignet sich gut für den Anbau in Streuobstwiesen.

Die Frucht: Mittelgroß (50–80 g), kugel- bis stumpf kegelförmig, reift Ende August bis Anfang September, bleibt lang fest und wird erst spät teigig. Die gelbgrüne Grundfarbe wird mit der Reife hellgelb. Fruchtfleisch fest, gelblich weiß, saftig und süß, gerbstofffrei und sehr aromatisch. Zuckergehalt 15,2 % Brix (55–65 °Oe).

Der Baum: Wächst mittelstark mit breitpyramidaler Krone. Die Sorte kommt früh in Ertrag und bringt regelmäßig hohe Ernten. Wichtig ist aber, dass Befruchtersorten in der Nähe stehen wie 'Williams Christbirne', 'Wilde Eierbirne', 'Suebirne' und 'Sommermuskatellerbirne'. Die Sorte ist relativ resistent gegen Feuerbrand und Birnenverfall und auch wenig spätfrostempfindlich sowie eine gute Befruchtersorte.

Besondere Merkmale: Mittelgroße, hellgelbe Frucht ohne Gerbstoff, schmeckt sehr aromatisch (Williamsaroma).

Beurteilung als Brennfrucht: Bei entsprechenden Befruchtersorten hohe und auch regelmäßige Ernten. Wenig empfindlich und gut für den Streuobstanbau geeignet. Die mittelgroße Frucht hat einen deutlich höheren Zuckergehalt als die 'Williams Christbirne' und dadurch auch eine wesentlich höhere Ausbeute. Gaschromatografische Untersuchungen vom Autor zeigten, dass die Früchte auch mehr Aromakomponenten enthalten. Das Destillat ist von hoher Qualität, es ist mild und zeigt ein volles Birnenaroma in Geruch und Geschmack. Eine der besten, wenn nicht die beste Brennbirne!

Wilde Eierbirne

Weitere Namen: 'Fischäckerin', 'Hosenbirne'.
Herkunft: Unbekannt. Die Sorte wurde 1854 von E. Lucas erstmals beschrieben.

Allgemeine Bewertung: Eine sehr empfehlenswerte, mittelstark wachsende Sorte, die hohe Erträge bringt, mit Früchten, die vielseitig verwendbar sind und ein herausragendes Destillat liefern. Beeindruckend auch die Gesundheit des Baumes und der schöne Wuchs. Eine besonders wertvolle Sorte für den landschaftsprägenden Streuobstbau.

Die Frucht: Mittelgroß, länglich bis eiförmig, mit einem Durchmesser von 45–50 mm und einem Fruchtgewicht von 60–75 g, reift relativ spät, oft erst Anfang Oktober. Schale glatt, lichtgrün, bei Vollreife gelblich und auf der Sonnenseite rötlich bis rötlich braun gefärbt. Fruchtfleisch saftig und feinzellig, leicht würzig, mit etwas Gerbstoff. Die Früchte haben einen relativ hohen Zuckergehalt, 60–70 °Oe (16,2 % Brix) liegt.

Der Baum: Mittelgroß mit sehr schöner, gleichmäßiger, kugelförmiger Krone. An dieser Kronenform ist die Sorte auch im Winter leicht zu erkennen. Die steil hochgehenden Äste bilden kurzes, dickes Fruchtholz, mit auffallenden, wildlederartigen Blütenknospen. Im Herbst zeichnet sich die Sorte durch eine schöne Blattfärbung aus. Die Sorte kommt früh in Ertrag, bringt regelmäßig hohe Ernten und ist anpassungsfähig an Boden und Klima. Kommt selbst in Höhenlagen der Schwäbischen Alb vor. Beeindruckend ist vor allem die Gesundheit der Sorte, da sie keinen Feuerbrand und auch keinen Birnenverfall zeigt.

Besondere Merkmale: Eiförmige Früchte und typischer Wuchs.

Beurteilung als Brennfrucht: Eine sehr gesunde empfehlenswerte Brennbirne mit geringen Standortansprüchen. Bestens geeignet für den Streuobstbau. Hohe Ausbeute mit einem feinen würzigen, hervorragenden Destillat mit angenehmem Aroma.

Williams Christbirne

Weitere Namen: 'Williams Apotheker Birne', 'Bon Chrétien', 'Williams', 'Bartlett', 'Poire de Angleterre'.
Herkunft: Im Jahr 1770 von Lehrer Stair in Aldermaston, Berkeshire (England) als Sämling gefunden und von Baumschuler R. Williams als 'Williams Bon Chrétien' verbreitet.

Allgemeine Beurteilung: Eine der edelsten und weltweit bekanntesten Birnensorten für den Rohgenuss, aber auch für die Verarbeitung. Als Rohware für „Williams"-Birnenwasser berühmt und geschätzt. Spitzenqualitäten werden aber nur auf schwach wachsenden Unterlagen erzielt. Für den Streuobstanbau zu schorfanfällig. Wegen Fruchtfall nicht für windige Lagen geeignet.
Die Frucht: Mittelgroß bis groß, birnenförmig, leicht beulig, wiegt 120–200 g. Ernte im August, sobald die ersten gelben Stellen an der Frucht zu sehen sind. Genussreif Ende August bis Anfang September, nur 10–14 Tage lagerfähig. Schale Gelblich grün, später hellgelb, mit z. T. matter Röte. Gut sichtbare Punkte und Berostung um den Kelch. Dicker Stiel in schwacher Vertiefung. Gelblich weißes, saftiges, feines Fruchtfleisch, schmelzend und von äußerst würzigem, müskierten Geschmack und edlem Aroma, Zuckergehalt 12,2 % Brix (44–57 °Oe).
Der Baum: Mittelstarker Wuchs, später eher schwach, mit pyramidaler Krone. Die Sorte blüht mittelspät bis spät und ist ein guter Pollenspender. Der Ertrag tritt früh ein und ist hoch und regelmäßig.
Besondere Merkmale: Geschmack und Farbe der Frucht, bei Vollreife nicht mehr transportfähig.
Beurteilung als Brennfrucht: Bekannteste Brennbirne. Die Sorte eignet sich nur für den Erwerbsanbau auf schwach wachsenden Unterlagen und kommt früh in Ertrag bei guten Ernten. Nicht zu spät ernten. Niedrige bis mittelhohe Ausbeute mit hervorragendem, aromatischem Destillat mit dem bekannten Williamsaroma.

Zitronenbirne

Herkunft: Die Sorte wurde im Zabergäu (Baden-Württemberg) gefunden und wird dort unter diesem Namen geführt. Es gibt aber zahlreiche verschiedene Zitronenbirnen. Die pomologische, noch nicht exakt bestimmte Sorte könnte die 'Rainbirne' sein.

Allgemeine Beurteilung: Mittelgroße und mittelspät reifende Birne, die sich gut für den Streuobstbau eignet. Die Früchte zeichnen sich durch einen starken, hocharomatischen Birnenduft aus. Sie ist vielseitig verwertbar, eignen sich aber besonders zum Dörren und zur Branntweinherstellung.

Die Frucht: Fass- bis eiförmig, mittelgroß, wiegt 70–120 g reift Mitte September bis Anfang Oktober und hält 10–14 Tage. Grüngelbe Grundfarbe, die bei Vollreife zitronengelb wird. Auf der Sonnenseite ist bei manchen Früchten ein leichtes geflammtes Rot zu sehen. Das gelblich weiße Fruchtfleisch ist mittelfest und wird schnell teigig. Es ist würzig, süß und leicht herb, Zuckergehalt 13,6 % Brix (53–60 °Oe). Auffällig ist der starke Duft, der von den Früchten ausgeht und in kurzer Zeit den ganzen Raum erfüllt, so wie es bei keiner anderen Birne der Fall ist.

Der Baum: Starker Wuchs mit hochovaler Krone. Mittelstarke, rötlich braune Jahrestriebe mit ovalen Lentizellen und schräg abstehenden, länglichen, silbrig glänzenden Knospen. Dunkelgrüne Blätter, länglich oval, mit fein gesägtem Blattrand. Die Sorte stellt keine besonderen Ansprüche an den Standort und ist auch wenig anfällig für Krankheiten.

Besondere Merkmale: Zitronengelbe Farbe der fass- bis eiförmigen Frucht, starker Duft der Früchte.

Beurteilung als Brennfrucht: Mittelgroße Früchte, die etwas später als der Großteil der Brennbirnen reif werden und dadurch weniger Probleme beim Einschlagen machen. Mittelhohe Ausbeute, gibt ein feines aromatisches, sehr interessantes Birnendestillat.

Quitten in der Blüte.

Die Quitte

Die Quitte stammt aus West- und Zentralasien. Sie soll bereits vor dem trojanischen Krieg im griechischen Raum eingebürgert und hoch entwickelt gewesen sein. Dies findet seinen Ausdruck auch in der mystischen Bedeutung der Quitte, denn die Goldenen Äpfel der Hesperiden sollen idealisierte Quitten gewesen sein. Auch der Dichter Alkman berichtete schon 650–600 v. Chr. von Quitten. Aus dieser und vor allem der nachfolgenden römischen Zeit gibt es eine lange Liste über deren Verwendung. Die Frucht wurde bei verschiedenen Völkern und Kulturen auch als ein Symbol der Fruchtbarkeit und der Liebe angesehen, zurückzuführen vermutlich auf Form und Farbe der Früchte. Besonders dürfte es aber der Duft gewesen sein, der bis heute eine anregende Wirkung auf die Sinne haben soll.

Auch Karl der Grosse erwähnte die Obstart, sie spielte zu dieser Zeit aber keine große Rolle, und dies trifft auch auf die nachfolgenden Jahrhunderte zu. Entsprechend gering war auch die Anzahl der Sorten. Weltweit werden heute etwa 200 Sorten angebaut. 1951 wurden in deutschen Baumschulen noch 15 Sorten vermehrt, heute sind es noch weniger. In Wurzen wird eine Sortenprüfung mit über 60 Sorten durchgeführt.

In vielen Instituten in Europa bemüht man sich heute wieder mehr um die Quitte. Die Europäische Gemeinschaft hat auch ein Forschungsprojekt zur Erhaltung der Obstart durchgeführt. Für den Erwerbsanbau sind ertragreiche, frostharte und glattschalige Sorten mit kurzer Reifezeit von Interesse. Sie sollen gut transportierbar, ausreichend lagerbar und möglichst frei von Steinzellen sein. Große Bedeutung hat auch die Feuerbrandresistenz, denn die Quitte ist sehr anfällig gegenüber dieser Krankheit. In einigen Staaten der früheren UdSSR, vor allem auf der Krim, wurde intensive Forschungs- und auch Züchtungsarbeit betrieben, aus der verschiedene neue Sorten hervorgingen.

Meist werden Quitten in Hausgärten angepflanzt, dort wird auch die große und schöne Blüte der Obstart geschätzt. Größere Pflanzungen gibt es selten.

Flaum an einer Birnenquitte (sollte vor dem Einschlagen entfernt werden).

Die Quitte spielt vor allem als Unterlage für Birnen eine große Rolle. In den letzten Jahren bemühte man sich in einem Projekt unter dem Namen „Mustea" im Würzburger Raum um die Erhaltung und Nutzung der dortigen alten Sorten.

Die Quitte wird als Baum bis 8 m hoch und wird nicht viel älter als 50 Jahre. Besonders gefährdet ist sie durch den Feuerbrand. Aber fast alle Quitten haben diese Krankheit überstanden.

Eingeteilt werden Quitten nach ihrer Form, man unterscheidet deshalb zwischen Birnen- und Apfelquitten. Qualitativ werden die Apfelquitten bevorzugt, da sie im Allgemeinen aromatischer und geschmackvoller sind.

Bekannte Verarbeitungsprodukte sind Quittenbrot, -gelee oder -mus.

Quitten geben sehr interessante Brände und auch Liköre. Wichtig sind bei allen Quitten das feine Zerkleinern der Frucht und Wasserzugabe bei der Maische sowie das Brennen gleich nach dem Ende der Gärung, um einen zu hohen Methanolwert im finalen Destillat zu verhindern. Um die harten Früchte mit hohem Pektinanteil aufzuschließen, ist eine leistungsstarke Mühle und die Zugabe von Pektinasen notwendig. Wer die Möglichkeit hat, sollte einen Teil der Quitten pressen und den Saft zur Maische geben, damit sie nicht so trocken ist und leichter gärt. Da im Saft weniger Pektine gelöst sind, wirkt sich die Saftzugabe auch positiv auf den späteren Methanolgehalt des Destillats aus. Am wichtigsten bei der Verarbeitung von Quitten ist die Entfernung der feinen Härchen, entweder von Hand oder am besten mit einem Hochdruckreiniger, ansonsten ist mit einer Aromaveränderung zu rechnen und es können raue und ranzig anmutende Destillate entstehen.

Die Alkoholausbeute bei der Quitte ist aufgrund des niedrigen Anteils an vergärbarem Zucker niedrig. Ansonsten haben aber die Quitten durch das einzigartige Aroma eine Sonderstellung. Intensiver Duft, besondere Frische und leichte Zitrusnoten bestimmen das Gesamtbild. Destillate aus Apfelquitten bilden die Krönung, aber auch bei Birnenquitten sind elegant duftende und am Gaumen etwas weichere Destillate möglich.

Konstantinopler

Weitere Namen: 'Konstantinopler Apfelquitte'.
Herkunft: Sehr alte Sorte, vermutlich türkischer Herkunft.

Allgemeine Beurteilung: Apfelquitte mit beträchtlicher Anbaubreite, feinkerniges Fleisch und wenig Steinzellen, sehr gut zu verarbeiten, bis Dezember lagerfähig. Eine der besten Apfelquitten, geringe Standortansprüche, ertragsstark, mit aromatischen Früchten. Es gibt verschiedene Typen mit etwas unterschiedlichen Formen.
Die Frucht: Mittelgroß bis groß (230–400 g), meist apfelförmig, mit fünf charakteristischen Wülsten bzw. Rippen, die sich z. T. über die ganze Frucht ziehen. Furchen oft grasgrün oder auch berostet. Hellgelbe bis strohgelbe Schale, z. T. mit grünem Schimmer; Flaum mittel bis stark, der sich knäuelartig abschuppt. Weite und tiefe Kelchgrube, meist höckrig und stark gefurcht, ohne Berostung. Extrem kurzer und dicker Stiel. Weißgelbes Fruchtfleisch, sehr fest und trocken, säuerlicher Geschmack mit Apfelduft. Verwertungsreif im Oktober bis November. Zuckergehalt 17 % Brix (65–75 °Oe).
Der Baum: Baumartige Büsche mit mittelstarkem Wuchs und breiter Krone. Typisch ist eine mäßige Verzweigung der Triebe. Gegen Krankheiten und Schädlinge weitgehend robust, geringe Standortansprüche. Teilweise selbstfruchtbar und sehr guter Pollenspender.
Besondere Merkmale: Die Form der Frucht mit kurzem, dickem Stiel und langen, schmalen, aufrechten Kelchblättern.
Beurteilung als Brennfrucht: Anspruchslose Sorte mit großer Anbaubreite, früh einsetzender und hoher Ertrag. Destillat mit gutem Aroma, z. T. leichter Bitterton. Ausbeute pro 100 l Maische 3,4–4,6 l.

Leskovac

Weitere Namen: 'Riesenquitte von Leskovac'.
Herkunft: Um 1890 in Leskovac (Serbien) entstanden.

Allgemeine Beurteilung: Mittelgroße Apfelquitte mit guter Qualität, in vielen Ländern verbreitet.
Die Frucht: Mittelgroß (L = 91 mm, B = 83 mm, 150–400 g), Anfang Oktober reif (rechtzeitig ernten, da windanfällig), oft unterschiedlich in der Form, hauptsächlich flachkugelig und mittelbauchig, mit weiten, durchgehenden Rippen und vertiefter Kelch- und Stielgrube. Kelchseitig typisch abgeflacht und mit gelber bis schöner goldgelber Farbe und dünner Schale; öfters auch leicht rostig und wenig befilzt. Guter Duft der Frucht. Fruchtfleisch beim Kochen weiß bleibend, saftig, mit angenehmer Würze, Zuckergehalt 60–70 g/l Saft.
Der Baum: Anfangs stark wachsend, dann nur noch mittelstark. Locker aufgebaut mit kugelförmiger Krone. Eiförmiges Blatt, Stiel und Mittelnerv deutlich gerötet. Spät blühend (Mai/Juni) mit sehr großen Blüten (bis 7 cm). Die Sorte ist ertragreich, obwohl nicht voll selbstfruchtbar. Pollenspender 'Portugieser' und 'Bereczki'.
Besondere Merkmale: Späte Blüte, Stiel und Hauptnerven deutlich gerötet, guter Duft, Fleisch beim Kochen weiß bleibend.
Beurteilung als Brennfrucht: In der Regel gute Erträge (bis 190 dt/ha). Wie alle Quitten anfällig für Feuerbrand. Relativ stark anfällig für Penicillium-Fruchtfäule und windanfällig. Ausbeutesatz 3–5 l pro 100 l Maische. Geschmacksintensive Maische in der Nase. Destillat im Gaumen filigran und leicht würzig.

Portugieser Birnenquitte

Weitere Namen: 'Portugieser'.
Herkunft: Unbekannt. Sehr alte, in ganz Europa verbreitete Sorte. Schon 1611 im Katalog der englischen Baumschule BUNYARD erwähnt.

Allgemeine Beurteilung: Bewährte, weit verbreitete Sorte mit großer, birnenförmiger, z. T. auch glockenförmiger Frucht und sehr gutem Duft. Eine der wertvollsten Quittensorten und für alle Verwertungszwecke geeignet. Nur für wärmere Lagen, da holzfrostempfindlich.
Die Frucht: Sehr groß (L = ca. 9 cm, B = 6 cm, 400–1000 g), unregelmäßig in der Form, hauptsächlich lang gestreckt birnenförmig, von feiner, gelblicher Wolle überzogen, zum Kelch hin konisch verengt und abgeplattet, größte Breite in der Mitte mit kurzem, konisch ausgezogenem Hals. Gut entwickelter, aufrecht stehender, blättriger Kelch in tiefer und enger, durch Beulen und Rippen eingeengter Grube. Oberfläche beulig, z. T. breit gerippt. Mittelfrühe Reife. Sehr guter Duft! Saftiges, weißgelbes Fleisch, das beim Kochen dunkler und leicht rötlich wird. Zuckergehalt 18,2 % Brix (73–78 °Oe).
Der Baum: Sehr starker, aufrechter Wuchs mit großen, breiten Blättern, deshalb auch als Zierbaum angepflanzt. Die 'Portugiesische Quitte' trägt schon früh und reichlich. Selbstfruchtbare Sorte. Leider im Holz sehr frostempfindlich.
Besondere Merkmale: Sehr guter Duft, große birnenförmige Frucht. Fleisch wird beim Kochen dunkler.
Beurteilung als Brennfrucht: Gute Eignung zum Brennen, jedoch nur für wärmere Lagen empfohlen, da frostempfindlich. Ausbeute 3,3–4,5 l pro 100 l Maische. Destillat mit gutem Aroma. Der Flaum, den jede Frucht umgibt, sollte abgerieben werden, damit Bitterstoffe das feine Aroma nicht verderben.

Sortenvielfalt bei der Europäischen Pflaume (*Prunus domestica*).

Pflaumen und Zwetschgen

Diese beiden Obstarten werden unter dem Oberbegriff Europäische Pflaume (*Prunus domestica*) zusammengefasst. Von ihnen gibt es keine eigenen Wildformen. Pflaumen und Zwetschgen haben gemeinsame Eltern: *Punus domestica* ist ein Artbastard der Schlehe (*Prunus spinosa*) mit der Myrobalane oder Kirschpflaume (*Prunus cerasifera*). Da diese beiden Arten auch noch heute im Norden des Kaukasus bis zum Altaigebirge wild vorkommen, ist es wahrscheinlich, dass die Art dort entstanden ist. Die Verbreitung der Pflaumen ging von Syrien aus, so wird die 'Damascenerpflaume' von der Hauptstadt Damaskus abgeleitet. Im Jahr 371 v. Chr. wird die Pflaume erstmals in Griechenland von THEOPHRAST erwähnt. Die Römer brachten sie dann etwa 100 Jahre v. Chr. nach Italien und später dann auch in ihre besetzten Gebiete nördlich der Alpen. Zwar wurden schon in Pfahlbauten der Jungsteinzeit (4000–3000 v. Chr.) Pflaumensteine gefunden, es handelte sich dabei aber um Wildformen (Kriechen, Zibarten). Unter KARL DEM GROSSEN (800 n. Chr.) gab es schon mehrere edle Pflaumensorten in Deutschland. Unsere wichtigste Sorte, die 'Hauszwetschge', soll aber erst gegen Ende des 17. Jahrhunderts zu uns gelangt sein. Württembergische Soldaten, die im venezianischen Dienst standen, sollen sie aus Morea (Balkan) mitgebracht haben. Mit zur Sortenentwicklung beigetragen haben auch Mirabellen und Renekloden, die Mitte bis Ende des 16. Jahrhunderts aus Frankreich zu uns kamen. Erstaunlich ist, dass schon um das Jahr 1560 Pflaumen von der Größe eines Hühnereis bekannt waren.

Im 18. und 19. Jahrhundert wurden an vielen Orten Pflaumen gezüchtet. Es wurden dabei aber keine Kreuzungen durchgeführt, sondern nur die Steine bestimmter Sorten ausgesät. Im pomologischen Handbuch von J. L. CHRIST (1804) wurden bereits 94 Sorten beschrieben. Um die Systematik der Pflaumen hat sich besonders G. LIEGEL bemüht, der 1838 schon eine Sammlung von über 400 Sorten hatte. LIEGEL war auch Züchter von über 40 Pflaumensorten. Nach U.P. HEDRIK soll es An-

Blütenbesätze an 1-jährigen Trieben der Sorte 'Myra'

fang des 20. Jahrhunderts schon über 2000 Sorten gegeben haben. Er hat in einem Standardwerk (The plums of New York) mehr als 1500 Sorten beschrieben. Die meisten der bisher im Anbau befindlichen Sorten sind Zufallssämlinge. Auffallend im Sortiment ist, dass der Großteil der Sorten aus Deutschland stammt. Dies lässt erkennen, welche Bedeutung der Pflaumen- und Zwetschgenbau in unserem Land früher hatte.

Sorten aus einer systematischen Züchtung kamen in Europa erst ab 1980 auf den Mark. Hier waren es vor allem die neuen Züchtungen aus der jugoslawischen Forschungsstation Čačak, die aufgrund ihrer Scharkatoleranz stärkere Beachtung fanden. Sie wurden 1980 von W. Hartmann nach Deutschland gebracht und retteten den Zwetschgenanbau am Kaiserstuhl, da die dort bisher angebaute 'Hauszwetschge' völlig scharkaverseucht war. Beeindruckt von den Züchtungsarbeiten in Jugoslawien begann Hartmann dann 1980 auch an der Universität Hohenheim mit der Sortenzüchtung bei Zwetschgen. Zuchtziele waren regelmäßiger Ertrag, bessere Qualität, Ausdehnung der Reifezeit und vor allem Scharkaresistenz. Bis heute sind aus diesem Züchtungsprogramm mehr als 25 Sorten entstanden, darunter die weltweit erste absolut scharkaresistente Sorte 'Jojo'. Diese Resistenz beruht auf einer ausgeprägten hypersensiblen Reaktion, welche zu einem schnellen Absterben einzelner Zellen um das eingedrungene Virus führt, so dass sich dieses nicht weiter ausbreiten kann. Bisher sind vier absolut scharkaresistente Sorten auf den Markt gebracht worden. Auch die Forschungsstation Geisenheim hat sich mit der Züchtung befasst und verschiedene Sorten herausgebracht. Deutschland wurde damit zum wichtigsten Land in der Sortenzüchtung bei Pflaumen und Zwetschgen.

Pflaumen und Zwetschgen werden vor allem in den wärmeren Regionen angebaut, so vor allem am Kaiserstuhl, in der Ortenau und in Rheinhessen. Die Obstart ist empfindlich gegen Spätfrost und benötigt auch in der Blüte zur Befruchtung wärmere Temperaturen.

Die Befruchtungsbiologie dieser Obstart ist interessant, denn es gibt selbstfrucht-

bare, selbststerile und teilweise selbstfruchtbare Sorten. Grundsätzlich zeigt sich, dass eine Fremdbefruchtung, vor allem bei schlechteren Blühbedingungen, zu einem höheren Fruchtansatz führt. Durch neuere Sorten wurde die Reifezeit ausgedehnt, so reifen heute die ersten Sorten schon Ende Juni und die spätesten Anfang Oktober. Manche Sorten reifen nicht gleichmäßig, sondern nacheinander (folgernd) solche Sorten sind im Erwerbsobstbau weniger gewünscht, eignen sich aber sehr gut für den Hausgarten.
Im Erwerbsanbau stehen heute nur noch veredelte Sorten auf schwächer wachsenden Unterlagen. Im landschaftsprägenden Anbau findet man aber immer noch wurzelechte Sorten, wie z. B. die ‘Hauszwetschge’, z. T. auch noch die ‘Bühler Frühzwetschge’. Auch viele lokale und regionale Sorten sind noch wurzelecht und können über die Ausläufer vermehrt werden.
Die Gesamterzeugung von Pflaumen und Zwetschgen in Deutschland liegt jährlich zwischen 350 000 und 500 000 t. Im Erwerbsanbau werden zwischen 40 000 und 60 000 erzeugt.
Besonders beliebt bei den Brennern sind Mirabellen und Zwetschgen, aber auch manche Pflaumen und Renekloden liefern interessante Destillate. Der Zuckergehalt ist vor allem bei späteren Sorten recht hoch. Es ist aber zu beachten, dass dann ein beträchtlicher Anteil als Zuckeralkohol Sorbit vorhanden ist, der sich nicht vergären lässt. Der Anteil von Sorbit hängt, wie eigene Untersuchungen zeigen, von verschiedenen Faktoren ab. Neben der Sorte beeinflussen die Witterung und auch der Ertrag den Sorbitgehalt. In Extremfällen kann dieser z. B. bei der Hauszwetschge bis zu 30 % des Gesamtzuckers in der Trockensubstanz (TS) betragen.

Aufgrund der besonderen Abstammung sind Pflaumen und Zwetschgen genetisch sehr unterschiedlich. Der Praktiker unterscheidet vier verschiedene Gruppen:

- **Pflaumen:** Ihre Früchte sind meist rundlich und haben verschiedene Farben. Das Fruchtfleisch ist oft weich und wässrig. Im Geschmack sind sie sehr unterschiedlich, meist mit niedrigerem Zuckergehalt, oft auch etwas fade und minderwertig. Der Begriff wird etwas unterschiedlich gehandhabt, in Nord- und auch in Ostdeutschland ist es der Oberbegriff, es gibt dort nur Pflaumen. So wird die ‘Hauszwetschge’ dort Hauspflaume genannt. In Süddeutschland findet eine strikte Trennung zwischen Pflaumen und Zwetschgen statt. Pflaumen werden oft als minderwertig betrachtet, deshalb auch die Aussagen: „Du Pflaume“ – für jemanden, der nicht viel taugt. Es gibt aber auch Sorten, die ein hervorragendes Aroma haben und bestens für die Brennerei geeignet sind. Pflaumen haben mit 3,9 % einen niedrigeren Ausbeutesatz als Zwetschgen (4,6 %).
- **Zwetschgen:** Die Frucht ist oval bis länglich, meist blau mit starker hellblauer Bereifung und mit festem, würzigem Fleisch und relativ hohem Zuckergehalt. Die Zwetschge wird deshalb als hochwertiger eingestuft und hat beim Brennen auch eine deutlich höhere Ausbeute. Am bekanntesten ist die ‘Hauszwetschge’, die in ganz Europa unter verschiedenen Namen vorkommt, heute aber leider wegen der Scharkakrankheit, einer gefährlichen Virose, in vielen Regionen nicht mehr angebaut werden kann.
- **Renekloden:** Sie sind kugelrund, weichfleischig und schlecht steinlö-

Pflaume Emma Leppermann.

Italienische Zwetschge.

Reneklode Graf Althanns.

Mirabelle aus Nancy.

send, aber süß und aromatisch. Es gibt verschiedene Fruchtfarben mit weißlicher Bereifung. Am bekanntesten ist die 'Große Grüne Reneklode'.

- **Mirabellen:** Die kleinen Früchte sind gut steinlösend, süß, mit charakteristischem Aroma und wenig Säure. Alle angebauten Sorten sind gelb. Am weitesten verbreitet ist die 'Mirabelle von Nancy'.

Da sich diese Unterarten alle untereinander kreuzen lassen, ist eine systematische Abgrenzung nicht einfach. So gibt es bei Pflaumen und Zwetschgen gleitende Übergänge, da sie oft als lokale Sorten angebaut werden. Eine besondere Unterart sind Spillinge, die gelbe, gelbrote und blaue Früchte tragen können. Die Früchte laufen an beiden Enden spitz zu.

Baya® Aurelia

Weitere Namen: 'Wei 1102'.
Herkunft: Im Jahr 2006 von Michael Neumüller an der Technischen Universität München in Weihenstephan (Deutschland) als Sämling gezogen. Die Eltern sind die beiden Hohenheimer Zuchtklone 'Hoh 5099' und 'Hoh 1981'. Am Bayerischen Obstzentrum in Hallbergmoos zur Sortenreife geführt und im Jahr 2016 unter der Bezeichnung 'Wei 1102' zum Sortenschutz angemeldet.

Allgemeine Beurteilung: Hocharomatische, rötlich gelbe Sommerzwetschge mit goldgelbem Fruchtfleisch. Im Hausgarten als robuster Ersatz für die empfindlichen Aprikosen empfehlenswert. Für den Erwerbsobstbau als Tafelobst nur bedingt geeignet, da die Früchte nach der Ernte im Gebinde gern braune Druckstellen bekommen.
Die Frucht: Mittelgroß (30–40 g, Ø = 33–38 mm), oval, Grundfarbe Gelb, sonnenseits rot überzogen, teils rötlich gepunktet, mit stark ausgeprägter Bereifung. Reifezeit Ende Juli bis Anfang August, eine Woche nach 'Katinka'. Fruchtfleisch fest, goldgelb. Gute Steinablösbarkeit. Fruchtstiel dünn und mittellang, löst sich leicht und trocken von der Frucht. Kein Vorerntefruchtfall, kann also lang am Baum hängen und ausreifen. Zuckergehalt bei Vollreife 19 % Brix (70–80 °Oe). Sehr Intensives Aroma, erinnert an die Nektarine.
Der Baum: Kräftiger, aufrechter Wuchs in Jugendjahren. Bei Scharkinfektion Symptome nur auf dem Blatt, nicht auf der Frucht (fruchttolerant gegen Scharka). Gedeiht auch in etwas raueren Lagen. Blüte früh, aber relativ frosthart. Ertrag mittelhoch bis hoch und regelmäßig. Die Sorte ist selbstfruchtbar.
Besondere Merkmale: Farbe der Schale und des Fruchtfleischs, sehr guter Geschmack.
Beurteilung als Brennfrucht: Durch das besondere Aroma und den für eine Frühzwetschge hohen Zuckergehalt für die Erzeugung von Qualitätsdestillaten sehr interessant. Mittelhoher, regelmäßiger Ertrag. Auch für den Anbau in höheren Regionen geeignet.

Dattelzwetschge

Weitere Namen: 'Ungarische Zwetschge', 'Türkische Zwetschge', 'Tübinger Zwetschge', 'Spitzzwetschge', 'Rösser' u. a. Es scheint mehrere Typen zu geben, die sich farblich etwas unterscheiden.
Herkunft: Die sehr alte Sorte stammt wahrscheinlich aus Ungarn oder der Türkei.

Allgemeine Beurteilung: Mittelfrüh reifende Sorte mit eigenartiger Form und recht gutem Geschmack, für den heutigen Tafelmarkt zu klein, als Spezialität aber interessant für die Brennerei.
Die Frucht: Klein bis mittelgroß, sehr lang und schmal (L= 40–50 mm, B = 20–25 mm, 15–18 g). Reife Anfang bis Mitte August. Abziehbare, violettblaue bis purpurrote Haut, leicht bläulich bereift. Grünlich gelbes bis goldgelbes Fruchtfleisch, saftig, mit süßem, aromatischem Geschmack. Zuckergehalt 16 % Brix (60–70 °Oe). Der schmale, säbelartige Stein löst sich nicht immer vom Fleisch.
Der Baum: Mittelstarker Wuchs mit grau- bis rotbraunen, dünnen Jahrestrieben. Mittelgroße, elliptische Blätter, am Fruchtholz mehr lanzettförmig. Mittelfrühe Blüte und meist nur mittelhohe Erträge. Die Sorte kommt häufig noch wurzelecht vor, sodass ganze Zwetschgenhecken entstehen können.
Besondere Merkmale: Eigenartige Fruchtform, die Sorte kann deshalb nicht mit anderen verwechselt werden. Kommt häufig wurzelecht vor.
Beurteilung als Brennfrucht: Die Sorte bringt regelmäßige, aber meist nur mittelhohe Erträge. Die Krankheitsanfälligkeit ist gering, die Sorte ist aber nicht scharkaresistent. Sie stellt keine großen Ansprüche an den Standort. Die Sorte gibt ein feines, aromareiches Destillat und lässt sich als regionale oder lokale Spezialität gut vermarkten.

Flotows Mirabelle

Weitere Namen: 'Frühe Mirabelle', 'Früheste Gelbe Mirabelle'.
Herkunft: Von G. Liegel (1777–1861) aus einem Stein des 'Violetten Perdrigon' gezogen und nach dem Dresdener Geheimrat von Flotow benannt.

Allgemeine Beurteilung: Früh reifende Mirabelle (etwa 3 Wochen vor 'Mirabelle aus Nancy') mit süßem, typischem Mirabellengeschmack. Die frühe und folgernde Reife machen die Sorte besonders interessant für den Hausgarten, sie ist aber auch für die Direktvermarktung beachtenswert. Die Sorte wird als Tafel- und Kompott- sowie Brennfrucht verwendet, war früher in ganz Deutschland verbreitet, ist aber heute nur selten zu finden.
Die Frucht: Klein (L = 26–29 mm, B = 26–29 mm, 10–15 g), rundlich, am Stiel leicht abgeplattet. Schale gelblich, später goldgelb mit roter bis z. T. violettroter Sonnenseite, weißlich bereift. Folgernde Reife ab Ende Juli bis Anfang August. Dünner, hellgrüner, leicht behaarter Stiel. Goldgelbes, gallertartiges Fruchtfleisch, süß und aromatisch, mit typischem Mirabellengeschmack. Löst sich gut vom kleinen, rundlichen Stein. Zuckergehalt 17,1 % Brix (60–80 °Oe).
Der Baum: Anfangs kräftiger, später mittelstarker Wuchs mit rundlicher, lockerer und etwas sparriger Krone und kleinen, dünnen, elliptischen Blättern. Die selbstfruchtbare Sorte blüht mittelfrüh, kommt früh in Ertrag und bringt gute und regelmäßige Ernten. Sie ist wenig krankheitsanfällig, hoch scharkatolerant und stellt an den Boden keine großen Ansprüche.
Besondere Merkmale: Frühe Reife und goldgelbe Frucht, oft mit roten Backen.
Beurteilung als Brennfrucht: Die Sorte ist wegen ihren regelmäßigen, hohen Erträgen als Brennfrucht interessant, besonders auch deshalb, weil die süßen, aromatischen Früchte eine gute Ausbeute mit feinem, aromatischem Destillat versprechen.

Große Grüne Reneklode

Weitere Namen: 'Reine Claude', 'Zuckerpflaume', 'Green Gage', 'Reine Claude Verte'. Insgesamt über 100 Synonyme.
Herkunft: Eine sehr alte, wahrscheinlich aus Armenien oder Syrien stammende Sorte. In Frankreich seit Mitte des 15. Jahrhunderts im Anbau und nach der Gemahlin CLAUDIA von König FRANZ I. (1525) benannt.

Allgemeine Bewertung: Die wertvollste aller Renekloden mit hervorragendem königlichen Geschmack und mittleren, nicht immer regelmäßigen Erträgen. Die Frucht wird gerne von Wespen angefressen. Besonders für den Hausgarten zu empfehlen. Wird zum Frischverzehr, zur Marmeladeherstellung und als Brennfrucht verwendet.
Die Frucht: Klein bis mittelgroß (Ø = 33–36 mm, 22–30 g), rundlich, meist etwas ungleichhälftig, wird Mitte August bis Mitte September reif. Sie hat eine grüne bis grüngelbe Farbe, die auf der Sonnenseite rötlich verwaschen und bräunlich rot gesprenkelt sowie öfters netzartig berostet ist. Stiel kurz (14–18 mm), kräftig und leicht behaart. Fruchtfleisch grünlich gelb, löst sich oft schlecht vom Stein, es ist sehr saftig, gallertartig und sehr süß, mit kräftiger Würze. Zuckergehalt 19,4 % Brix (70–90 °Oe).
Der Baum: Mittelstarker Wuchs mit breitkugeliger Krone. Auberginenfarbene, relativ dicke Langtriebe. Dicke, elliptische Blätter mit einem kurzen, kräftigen Stiel. Die Sorte ist selbststeril, aber ein guter Pollenspender. Befruchtersorten sind 'Ersinger Frühzwetschge' und 'Bühler Frühzwetschge'. Der Ertrag hängt stark vom Standort ab, ist meist aber nur mittelhoch. Die Sorte ist nicht scharkatolerant.
Beurteilung als Brennfrucht: Ein Problem der Sorte ist, dass sie nicht scharkatolerant ist, sowie die nur mittleren Erträge. Ein Destillat von dieser Sorte wird deshalb immer eine Spezialität bleiben, obwohl die Ausbeute hoch und das Destillat von höchster Qualität ist.

Haferpflaume

Weitere Namen: 'Saupflaume', 'Scheisspfläumle', in Norddeutschland 'Krete'.
Herkunft: Eine alte Wildobstart, deren Früchte im Vergleich zur Schlehe deutlich größer sind und bereits ab September reifen. Eine Haferpflaume als solche gibt es eigentlich nicht. Es ist ein Sammelbegriff für Pflaumen, die zur Hafererernte reif werden. Oft handelt es sich auch um Sämlinge, die regional vermarktet werden. Haferpflaumen kommen oft wurzelecht vor und werden auch als Unterlagen verwendet.

Allgemeine Beurteilung: Es sind meist kleine und runde Früchte, ähnlich den 'Kriechele', in verschiedenen Farben, von Dunkelblau und Hellblau über rötliches Blau und bis hin zu Gelb. Sie sind aber im Gegensatz zu Kriechele nicht herb, der Zuckergehalt und auch der Geschmack können sehr unterschiedlich sein. Oft sind die Früchte auch von minderer Qualität. Beschrieben wird ein Typ, der in der Ortenau für die Brennereien vermehrt wird.

Die Frucht: Klein bis mittelgroß (L = 33 mm, Ø = 30 mm, 21–26 g), wird Ende August bis Anfang September reif. Schale gelbgrün, bei Vollreife blassgelb, deutlich weißlich bereift. Der Stein der Früchte löst sich schlecht vom gelbgrünen bis gelben, saftigen Fleisch. Dieses ist süß, hat wenig Säure und einen angenehmem Pflaumengeschmack. Zuckergehalt 17,1 % Brix (60–80 °Oe).
Der Baum: Mittelstarker Wuchs, die Bäume werden 4–7 m hoch, mit breit aufrechter und ausladender Krone. Blüte mittelfrüh und selbstfruchtbar, in der Regel gute und regelmäßige Erträge. Anspruchslos und wenig krankheitsanfällig, aber nicht scharkaresistent.
Besondere Merkmale: Fruchtform, Farbe sowie die Reifezeit.
Beurteilung als Brennfrucht: Als Pflaume nur mittelhohe Ausbeute, mildes aromatisches Destillat mit dezentem Bittermandelgeschmack. Wird unter Raritäten geführt und auch entsprechend bezahlt.

Hanita

Herkunft: Die Sorte entstand 1980 aus einer Kreuzung von 'President' × 'Auerbacher' an der Universität Hohenheim. Der Züchter ist W. HARTMANN, die Sorte bekam 1997 Sortenschutz.

Allgemeine Beurteilung: Eine mittelgroße Frucht mit hervorragendem Geschmack für den Frischmarkt. Sie füllt die Lücke zwischen mittelfrühen und spätreifen Sorten und ist scharkatolerant. Die Sorte eignet sich auch gut für höhere Lagen.
Die Frucht: Länglich oval, mittelgroß (34–50 g), reift Mitte bis Ende August, zusammen mit der 'Bühler Frühzwetschge'. Schale dunkelblau, auf der Schattenseite auch violett gefärbt, und stark hellblau bereift. Das gelbgrüne Fruchtfleisch wird bei Vollreife goldgelb und löst sich meist gut vom Stein. Es ist saftig mit harmonischem Geschmack, feiner Säure und einem ausgeprägten Aroma. Zuckergehalt 18,8 % Brix (70–85 °Oe).
Der Baum: Wächst am Anfang stark, mit zunehmendem Ertrag dann nur noch mittelstark. Die Krone ist locker aufgebaut, und es besteht die Gefahr einer leichten Verkahlung. Der Astabgang ist steil, junge Bäume sollten deshalb entsprechend formiert werden. Die selbstfruchtbare Sorte blüht mittelfrüh und der Ertrag setzt schon im 2. Jahr ein, er ist hoch und regelmäßig. Die Sorte stellt keine besonderen Ansprüche an den Standort, ist aber etwas empfindlich gegen Pseudomonas.
Besondere Merkmale: Dunkelblaue Frucht mit starker Bereifung und hervorragendem Geschmack.
Beurteilung als Brennfrucht: Der hohe regelmäßige Ertrag und das besondere Aroma der Früchte sprechen für eine Verwendung zum Brennen. Die Ausbeute ist mittelhoch bis hoch und das Destillat mild und aromatisch, mit dezentem Marzipangeschmack.

Haroma

Herkunft: Die Sorte entstand aus einer Kreuzung des Zuchtklons ('Ortenauer × Stanley 34') × 'Hanita' im Jahr 1993 an der Universität Hohenheim. Der Züchter ist W. Hartmann. Die Sorte wurde 2005 in den Handel gegeben, EU-Sortenschutz besteht seit 2009.

Allgemeine Beurteilung: Eine interessante, scharkatolerante Spätzwetschge mit hohen, regelmäßigen Erträgen und sehr gutem Geschmack. Die Sorte ist wenig anfällig gegen Spätfrost und hat sehr positive Wuchseigenschaften. Sie eignet sich für den Erwerbsanbau wie auch für den Hausgarten.

Die Frucht: Länglich oval, mittelgroß (Ø = 34–40 mm), wiegt 30–40 g und reift Ende August bis Mitte September. Schale dunkelblau gefärbt, mit schöner hellblauer Bereifung. Das goldgelbe Fleisch löst sich gut vom Stein, es ist geschmackvoll und aromatisch. Zuckergehalt 19,5 % Brix (70–90 °Oe).

Der Baum: Die selbstfruchtbare Sorte blüht früh bis mittelfrüh und kommt sehr bald in Ertrag. Im 3. Jahr sind schon Erträge von 15–20 kg möglich. Die Sorte hat einen flachen Astabgang, eine gute Verzweigung und wächst nur mittelstark. Sie hat ein gesundes Blatt und ist wenig krankheits- und auch wenig spätfrostanfällig. Hatte im Spätfrostjahr 2017 in vielen Regionen als einzige Sorte noch einen guten Ertrag. 'Haroma' ist scharkatolerant und kann für alle Anbaugebiete empfohlen werden.

Besondere Merkmale: Goldgelbes, aromatisches Fruchtfleisch und relativ schwacher Wuchs.

Beurteilung als Brennfrucht: Ertragshöhe und -regelmäßigkeit sprechen ebenso für die Sorte wie die Tatsache, dass sie Spätfrost recht gut übersteht. Sie ist auch wenig krankheitsanfällig und kann in allen Anbauregionen angebaut werden. Die Ausbeute ist aufgrund des guten Zuckergehalts hoch und das gewonnene feinaromatische Destillat von hoher Qualität.

Hauszwetschge

Weitere Namen: 'Hauspflaume', 'Basler Zwetschge', 'Dro-Zwetschge', 'Pozegaca', 'Quetsche Commune', 'Bestercei', 'Romanete Vinesti' u. a.
Herkunft: Sehr alte Sorte unbekannter Herkunft. Seit dem 17. Jahrhundert in Deutschland stärker verbreitet.

Allgemeine Beurteilung: Die sehr anpassungsfähige Sorte ist heute noch die bekannteste Zwetschgensorte und am weitesten verbreitetet in ganz Europa. Durch die starke Scharkaanfälligkeit ist jedoch der Anbau fast überall gefährdet. Es gibt verschiedene Typen, die aus Selektionsarbeiten von W. Hartmann an der Universität Hohenheim ausgelesen wurden. Im Anbau sind heute vor allem die Typen 'Gunser', 'Meschenmoser', 'Schüfer' und 'Wolff' (nach Reifezeit geordnet).
Die Frucht: Klein bis mittelgroß (Ø = 26–34 mm, 16–30 g), wird je nach Typ und Lage Ende August bis Mitte September reif. Schale dunkelblau, stark bereift und in Hochlagen oder bei Überbehang auch leicht rötlich. Der Stein löst sich meist gut vom gelbgrünen bis goldgelben Fleisch. Dieses ist fest, leicht herb und angenehm würzig. Zuckergehalt 17,4 % Brix (70–90 °Oe).
Der Baum: Mittelstarker Wuchs mit spitzpyramidaler bis hochkugelförmiger Krone. Die Sorte blüht relativ spät und ist sehr witterungsempfindlich in der Blüte. Der Ertrag setzt bei den herkömmlichen Typen spät ein. Die Sorte ist nicht scharkatolerant sowie anfällig für Hitzeschäden, Pflaumenrost und Narrentaschenkrankheit.
Beurteilung als Brennfrucht: Die Hauszwetschge ist auch heute noch, bedingt durch die Verbreitung, die wichtigste Brennzwetschge in ganz Europa. Der Anbau geht aber durch die starke Anfälligkeit gegenüber der Scharkakrankheit stark zurück. Die Ausbeute ist in der Regel gut und das Destillat bekannt als „der Zwetschgenschnaps".

Jofela

Weitere Namen: 'Nr. 7346'.
Herkunft: Aus einer Kreuzung der Sorten 'Jojo' × 'Felsina' von W. Hartmann im Jahr 2000 an der Universität Hohenheim gezüchtet. Es besteht Sortenschutz seit 2017.

Allgemeine Beurteilung: Eine neue hypersensible, absolut scharkresistente Sorte, die mit der Hauszwetschge reift und diese durch ihren sehr guten Geschmack mit hohem Zuckergehalt ersetzen kann. Beachtlich ist das lange Erntefenster und gute Haltbarkeit der Frucht.
Die Frucht: Mittelgroß (35–40 mm, 32–40 g), länglich, dunkelblau gefärbt, mit starker, hellblauer Bereifung. Die Sorte wird zusammen mit der Hauszwetschge Ende August bis Mitte September reif, das Fleisch löst sich gut vom Stein. Fruchtfleisch gelb bis goldgelb, fest und saftig, mit gutem bis sehr gutem, harmonischem Geschmack und hohem Zuckergehalt, 23,1 % Brix (85–113 °Oe). Die Sorte hat ein langes Erntefenster und eine sehr gute Haltbarkeit. Sie ist hitzeresistent und wenig moniliaanfällig.
Der Baum: Wächst mittelstark, mit relativ flachem Astabgang und ist leicht zu erziehen. Die Sorte blüht mittelfrüh und ist selbstfruchtbar. Sie kommt früh in Ertrag und bringt regelmäßig gute Erträge. Die Sorte reagiert stark hypersensibel gegenüber dem Scharkavirus, mit einem Hypersensibilität-Index von 1,0 (HK 3), und bleibt deshalb auch in stark mit Scharka verseuchten Regionen absolut scharkafrei.
Besondere Merkmale: Die lange und schmale Frucht, ähnlich der 'Ortenauer'.
Beurteilung als Brennfrucht: Die meisten Regionen in Europa sind scharkaverseucht, die altbekannte Sorte 'Hauszwetschge' kann dort nicht angebaut werden. 'Jofela' ist durch den guten Geschmack und den hohen Zuckergehalt eine Alternative. Die Ausbeute ist hoch und das Destillat hat ein feines Zwetschgenaroma.

Löhrpflaume

Weitere Namen: 'Zuckerpflaume von der Löhr'.
Herkunft: Soll als Zufallssämling in der zweiten Hälfte des vorletzten Jahrhunderts in der Gegend von Oberruntingen im Kanton Bern (Schweiz) entstanden sein.

Allgemeine Beurteilung: Interessante Frucht in Mirabellengröße, mit hohem Zuckergehalt und besonderem Aroma, besonders für die Brennerei geeignet. Mit ihrem außerordentlichen Aroma hat sie in der Schweiz höchsten Stellenwert, ideale Naschfrucht.
Die Frucht: Klein bis mittelgroß (Ø = 28–31 mm, 15–20 g), rundlich, reift folgernd Ende August bis Anfang September. Die gelblich rote Haut ist leicht bereift und hat rötliche Punkte. Das weiche, gelbgrüne Fleisch löst sich gut vom ovalen Stein, es ist sehr saftig und süß, würzig, mit kräftigem Aroma. Zuckergehalt 20,5 % Brix (80–90 °Oe).
Der Baum: Wächst mittelstark bis stark und aufrecht. Die Äste sind gut garniert und bilden viel Fruchtholz. Die teilweise selbstfruchtbare Sorte blüht mittelfrüh, geeignete Befruchter sind 'Hauszwetschge' sowie 'Mirabelle von Nancy'. Die Sorte kommt früh in Ertrag und bringt gute Ernten.
Besondere Merkmale: Fruchtgröße und -form, die Farbe sowie der süße Geschmack mit dem kräftigem Aroma.
Beurteilung als Brennfrucht: Schon der Ertrag spricht für die Sorte. Die Standortansprüche sind gering, und die robuste Sorte kann auch in höheren Lagen angebaut werden. Durch den hohen Zuckergehalt ist die Frucht vorzüglich für die Brennerei geeignet und bringt ein bukettreiches „Pflümliwasser". Für die Verwendung in der Brennerei die Früchte voll ausreifen lassen und mehrmals in der Woche auflesen.

Mirabelle aus Metz

Weitere Namen: ‘Gelbe Mirabelle’, ‘Kleine Mirabelle’, ‘Aprikosenartige Mirabelle’, ‘Mirabelle Jaune’, ‘Mirabelle Petite’, ‘Syrische Pflaume’, ‘Lerchenei’ u. a.
Herkunft: Eine sehr alte und früher viel angebaute Sorte mit unbekannter Herkunft, wahrscheinlich in der Gegend um Metz entstanden. Erstmals beschrieben wurde sie von Merlet im Jahr 1675.

Allgemeine Beurteilung: Eine kleine Mirabelle mit sehr hoher Qualität. Früher in der Konservenindustrie sehr viel verwendet. Zum Dörren und zum Brennen die beste aller Mirabellen.
Die Frucht: Klein (7–9 g), länglich rund bis oval, meist etwas ungleichhälftig, Schale fest, hellgelb, später goldgelb mit kleinen, roten Flecken, zart weißlich bereift. Fruchtfleisch goldgelb, fest, duftend, zuckersüß, Zuckergehalt 23,3 % Brix (90–110 °Oe), mäßig saftig, gut steinlösend und fein aromatisch, mit angenehmem Geruch.
Der Baum: Wächst mäßig und bildet höchstens mittelgroße, dichte, etwas verworrene, flache Kronen. Die Sorte ist selbstfruchtbar und erschöpft sich infolge der großen Fruchtbarkeit schnell. Sie fällt ziemlich samentreu, es sind deshalb auch viele Sämlingsbäume im Anbau.
Besondere Merkmale: Kleine Frucht mit gelber Schale und goldgelbem Fruchtfleisch. Nur anhand vom Stein eindeutig von der ‘Mirabelle aus Nancy’ zu unterscheiden.
Beurteilung als Brennfrucht: Obwohl die Frucht sehr klein ist, gilt sie aufgrund des Zuckergehalts und des ausgezeichneten Aromas als die beste aller Mirabellen zum Brennen. An den Standort hat die ‘Metzer Mirabelle’ recht hohe Ansprüche. Sie will einen trockenen und warmen Boden. Schwere tonige und feuchte Böden sind ebenso ungeeignet wie kühle Nordhänge. Ansonsten robust. Durch den hohen Zuckergehalt sehr ergiebig, und das Destillat besitzt ein ausgezeichnetes Aroma, sowohl im Geschmack, als auch im Geruch.

Mirabelle aus Nancy

Weitere Namen: 'Mirabelle de Nancy', 'Nancymirabelle', 'Große Mirabelle', 'Drap d'Or', 'Doppelte Mirabelle'.
Herkunft: Der Ursprung der Sorte ist nicht bekannt. Sie wurde schon seit 1490 in Frankreich angebaut und Mitte des 18. Jahrhunderts nach Deutschland gebracht. Benannt ist sie nach der Stadt Nancy in Lothringen. Es sind verschiedene Typen im Anbau. Heute wird der Typ Nr. 1510 zum Anbau empfohlen.

Allgemeine Beurteilung: Diese Sorte ist die bekannteste Mirabelle, in ganz Mitteleuropa im Anbau. Durch die rötliche Sonnenseite und den hervorragenden Geschmack besonders gut als Frischware absetzbar. Beliebte Konserven- und Brennfrucht.
Die Frucht: Klein (L = 25–27 mm, B = 23–26 mm, 9–14 g), kugelig bis kurzoval, reift stark folgernd ab Mitte August bis Anfang September. Die gelbe, bei Vollreife goldgelbe Schale ist auf der Sonnenseite rötlich bis violett verwaschen gefärbt. Das goldgelbe Fruchtfleisch ist saftig, bei Überreife auch mehlig, süß und gut gewürzt, mit typischem Aroma. Zuckergehalt 19,4 % Brix (70–90 °Oe).
Der Baum: Starkwüchsig, bildet eine breitkugelige, lockere Krone mit feinem, dünnem Fruchtholz. Die selbstfruchtbare Sorte blüht mittelspät und ist eine gute Befruchtersorte. Sie kommt früh in Ertrag, ist wenig krankheitsanfällig, hoch scharkatolerant, relativ wenig spätfrostempfindlich und bringt regelmäßige und auch hohe Ernten.
Besondere Merkmale: Kleine, gelbe, rundliche, sehr aromatische Früchte.
Beurteilung als Brennfrucht: Die geringe Krankheitsanfälligkeit, eine gewisse Spätfrostresistenz sowie die hohen, regelmäßigen Ernten führten zu der großen Verbreitung. Die Sorte gedeiht am besten in warmen, geschützten Lagen und entwickelt auch nur dort das typische Mirabellenaroma. Durch den hohen Zuckergehalt ist die Ausbeute gut, und das Destillat ist bekannt als „das Mirabellenwasser".

Miroma

Herkunft: Entstanden aus einer Kreuzung von 'Mirabelle aus Nancy' × 'Klon Nr. 6217' im Jahr 2004 an der Universität Hohenheim. Der Züchter ist W. Hartmann, die Sorte wurde im Jahr 2014 zum Sortenschutz angemeldet.

Allgemeine Beurteilung: Diese neue, geschmacklich hervorragende Mirabelle ist deutlich größer als die 'Mirabelle aus Nancy' und eignet sich, auch aufgrund der schönen Farbe, besonders für den Tafelmarkt. Hoher Zuckergehalt und Aroma sprechen aber auch für eine Verwendung in der Brennerei.

Die Frucht: Rundoval bis oval, klein bis mittelgroß (Ø = 28–30 mm, 16–22 g), reift Mitte August bis Anfang September. Die gelben bis goldgelben Früchte haben rote Backen und rote Punkte und sind weißlich bereift. Das feste, goldgelbe Fruchtfleisch löst sich gut vom Stein, es schmeckt süß bei einem Zuckergehalt von über 24,0 % Brix (90–125 °Oe) und hat ein sehr gutes typisches Mirabellenaroma.

Der Baum: Wächst mittelstark und kommt früh in Ertrag. Die selbstfruchtbare Sorte bringt hohe und regelmäßige Erträge. Sie ist scharkatolerant und wenig krankheitsanfällig.

Besondere Merkmale: Rundovale bis ovale, relativ große Früchte mit roten Backen und Punkten.

Beurteilung als Brennfrucht: Der früh eintretende, regelmäßige, hohe Ertrag sowie die Scharkatoleranz und die insgesamt geringe Krankheitsanfälligkeit sprechen für den Anbau. Der sehr hohe Zuckergehalt lässt eine hohe Ausbeute erwarten, mit einem Destillat, das sich durch ein typisches Mirabellenaroma auszeichnet.

Myra

Weitere Namen: 'Nr. 8396'.
Herkunft: Die Sorte wurde von W. Hartmann an der Universität Hohenheim aus einer Kreuzung von Klon 'Nr. 6462' × 'Späte Myrobalane' im Jahr 2000 gezüchtet und steht seit 2012 zur Prüfung an verschiedenen Standorten.

Beurteilung: Eine früh reifende, reich tragende Sorte mit kleinen bis mittelgroßen Früchten und einem hervorragenden, besonderen Aroma, die sich besonders für Hausgarten und Brennzwecke eignet.
Die Frucht: Klein bis mittelgroß (Ø = 28–30 mm, 20–25 g), länglich oval, reift Mitte bis Ende Juli. Schale hellgelb, bei Vollreife goldgelb, mit leichter weißlicher Bereifung und schwacher Bauchnaht. Das mittelfeste Fruchtfleisch löst sich gut vom Stein, es ist goldgelb mit harmonischem, süßem Geschmack und einem besonderen, interessanten Aroma. Zuckergehalt 19,1 % Brix (73–85 °Oe).
Der Baum: Mittelstarker Wuchs. Die selbstfruchtbare Sorte blüht früh und ist schon an einjährigen Langtrieben wie eine Zierpflanze dicht mit Blüten besetzt. Der Ertrag setzt früh ein, ist regelmäßig und hoch. Die Sorte ist hoch scharkatolerant und wenig anfällig gegenüber Krankheiten. Sie eignet sich aufgrund der frühen Reife auch für den Anbau in höheren Lagen.
Besondere Merkmale: Gelbe, länglich ovale Früchte mit einem besonderen Aroma. Der starke Blütenbesatz an einjährigen Trieben macht sie auch als Zierpflanze interessant (siehe Abb. Seite 143).
Beurteilung als Brennfrucht: Der hohe, regelmäßige Ertrag und die hohe Scharkatoleranz sind positive Merkmale der Sorte. Der für eine frühe Sorte hohe Zuckergehalt lässt eine gute Ausbeute erwarten, mit einem feinen, aromatischen Destillat.

Spilling, Gelbroter

Weitere Namen: 'Rotbunter Spilling', 'Wohlriechender Spilling', 'Gubener Spilling'.
Herkunft: Der Spilling ist eine der ältesten bekannten Obstarten und wurde schon von den Römern kultiviert. Neben dem 'Gelbroten Spilling' gibt es auch noch einen 'Gelben' und einen 'Blauen Spilling'. Steinfunde sind identisch mit dem 'Gelbroten Spilling'. Heute vor allem noch in Nord- und Ostdeutschland (z. B. in Guben, dort 1557 erstmals erwähnt) zu finden.

Allgemeine Beurteilung: Der Spilling gehört zur Formengruppe von Primitivpflaumen, er war bis ungefähr 1900 eine verbreitete Obstart auf den Märkten. Der 'Gelbrote Spilling' ist geschmacklich der beste. Für den heutigen Erwerbsanbau ist die Frucht jedoch zu klein, aber noch interessant für den Hausgarten und besonders für die Brennerei.
Die Frucht: Klein (L = 28–34 mm, B = 18–21 mm, 7–8 g), länglich oval, dem Stiel zu verjüngt und gegen den Stempelpunkt zugespitzt, reift schon Mitte Juli bis Anfang August. Die Grundfarbe ist gelbgrün, und auf der Sonnenseite sind die Früchte rot bis violett gefärbt und stark hellblau bereift. Das gelbe bis orangefarbene Fruchtfleisch ist mirabellenartig und löst sich gut vom Stein. Süßer aromatischer Geschmack und wenig Säure. Zuckergehalt 17 % Brix (60–80 °Oe).
Der Baum: Mittelstarker Wuchs mit hochpyramidaler Krone. Die Sorte ist etwas empfindlich gegen schlechtes Wetter zur Blühzeit, trägt in der Regel aber trotzdem reich. Sie bildet Wurzelschlosser und wird oft wurzelecht vermehrt.
Besondere Merkmale: Die Fruchtfarbe und -form und vor allem der säbelartige Stein.
Beurteilung als Brennfrucht: Die Sorte hat geringe Ansprüche an den Boden. Die Früchte schmecken süß und aromatisch. Für einen guten Geschmack sind aber wärmere Standorte notwendig. Die Ausbeute ist mittelhoch und das Destillat mild und aromatisch. Ein Spillingsbrand ist eine Spezialität und sehr exklusiv.

Wagenstädter Pflaume

Weitere Namen: 'Wagenstädter'.
Herkunft: Die Sorte ist eine südbadische Spezialität, die aus dem Ort Wagenstadt bei Herbolzheim stammt und dort noch wurzelecht vorkommt. Sie wird zu *Prunus insititia* gezählt und gilt als eine Lokalsorte der Haferpflaume.

Allgemeine Beurteilung: Kleine, mirabellenähnliche Pflaume mit schönem Aroma, interessante Lokalsorte für die Brenner.
Die Frucht: Rundlich, relativ klein (Ø = 25–28 mm, 12–15 g), reift Mitte bis Ende August. Gelbgrüne, bei Vollreife auch gelbe bis goldgelbe Schale mit roten Backen und rotvioletten Punkten. Das gelbe, saftige Fleisch löst sich mittelgut vom Stein, es schmeckt süß und aromatisch. Zuckergehalt 17,1 % Brix (60–80 °Oe).
Der Baum: Mittelstark wachsende Sorte, die auch als Unterlage verwendet wurde. Wurzelecht für Wildobsthecken geeignet. Sie kommt bald in Ertrag und bringt hohe Ernten. Die Ansprüche an den Standort sind gering und die Sorte ist auch wenig krankheitsanfällig.
Besondere Merkmale: Rundliche, relativ kleine Früchte, ähnlich einer Mirabelle, aber mit weniger Aroma.
Beurteilung als Brennfrucht: Die anspruchslose Pflaume bringt hohe Erträge und ist schon deshalb für viele Brenner interessant. Die Ausbeute ist mittel bis gut und das Destillat fein und aromatisch. Die ausgeprägten Aromen machen es zu einem Genuss für Liebhaber aromareicher Brände. Aus dieser Sorte wird das „Wagenstädter Pflümliwasser" gewonnen, eine ausgesprochen regionale Spezialität.

Vogelkirsche (*Prunus avium*), die Stammform unserer heutigen Sorten.

Die Kirsche

Bei den Kirschen muss zwischen der Süßkirsche (*Prunus avium*) mit einem diploiden Chromosomensatz von 2n = 16 und der Sauerkirsche (*Prunus cerasus*) mit einem tetraploiden Chromosomensatz von 2n = 32 unterschieden werden. Bei den Kultursorten gibt es auch Bastarde zwischen Süß- und Sauerkirschen.

P. avium, die Stammform unserer heutigen Sorten, wächst wild in Kleinasien und im Kaukasus, aber auch in Europa. Als Heimat von Kulturformen der Süßkirsche gilt der Schwarzmeerraum. Der römische Feldherr und Feinschmecker LUCULLUS soll die Kulturkirsche im Jahr 64 v. Chr. nach einem Sieg über den Perserkönig MITHRIDADES als kostbare Trophäe aus Cerasunt mit nach Italien gebracht haben. Aus den Aufzeichnungen von THEOPHRAST (390–288 v. Chr.) geht aber hervor, dass die Kirsche in Griechenland schon früher bekannt war.

Während der römischen Kaiserzeit vermehrte sich die Zahl der Sorten beträchtlich. Es gab damals schon schwarze, rote und bunte Kirschen. Durch die Römer gelangte die Süßkirsche auch nach Deutschland. Dies bedeutete jedoch keinen wesentlichen Fortschritt, denn Steine von keltischen Gräbern in Schwäbisch Hall zeigen, dass diese in Bezug auf die Größe den Steinen aus römischen Brunnen überlegen waren. Diese Feststellung von K. und F. BERTSCH ist durchaus berechtigt, denn die Umwandlung von Wild- in Kulturkirschen äußerte sich vor allem mit einer Zunahme der Fruchtgröße und damit auch der Steingröße.

Bis zum Mittelalter stagnierte die Sortenentwicklung. Im 15. Jahrhundert war nur eine grobe Einteilung in Süß- und Sauerkirschen üblich. Um 1700 wurde dann schon eine beachtliche Anzahl von Sorten genannt. Auffallend aber ist, dass es immer noch keine klare Trennung von Süß- und Sauerkirschen gab. Diese wurde erst 1797 von BÜTTNER vorgeschlagen. In einer Klassifikation von TRUCHSESS werden 231 Sorten genannt. In der folgenden Zeit nahmen die Sortenvielfalt und der Bezeichnungswirrwarr weiter zu. Um 1889 wurden von MATHIEU über 5600 Sy-

Riesiger Baum der Vogelkirsche in der Nähe von Karlsruhe.

nonyme aufgezeichnet. Es gab viele lokale und regionale Sorten, die auch heute im Anbau noch eine große Rolle spielen.
Die Sortenidentifikation bei Kirschen ist auch heute noch nicht einfach. Eine Unterscheidung ist am ehesten über die Steine möglich. Bei Tafelkirschen unterscheidet man grundsätzlich zwischen weichen Herzkirschen und den festeren Knorpelkirschen. Bei Sauerkirschen wird zwischen Weichselkirschen (färbender Saft) und Amarellen (nicht färbend) unterschieden. Die Bastardkirschen stehen in ihren Eigenschaften zwischen Süß- und Sauerkirschen. Man unterscheidet zwischen Süßweichsel (rot färbend) und Glaskirschen (nicht färbend).
Kirschen wurden im letzten Jahrzehnt für den Erwerbobstbau wieder interessant. Neue Anbaumethoden, Sorten und Unterlagen sowie eine Überdachung führten zu einem wirtschaftlichen Anbau. In zahlreichen Ländern wurde die Kirschenzüchtung forciert, und es sind viele neue Sorten auf dem Markt, die den heutigen Anforderungen des Marktes entsprechen, wie z. B. Fruchtgröße, Fruchtfleischfestigkeit usw. Für die Brennereien sind diese Sorten, wie alle Tafelkirschen, nicht interessant. Es sollten für diesen Zweck nur aromareiche und schüttelfähige Brennkirschen angebaut werden und Sorten, die nicht bluten. Beachtet werden muss auch der Anteil an vergärbarem Zucker, denn der Sorbitanteil kann sehr hoch sein.
Für Spezialbrände ist auch die Vogelkirsche zu empfehlen, die es in zahlreichen Formen gibt. Die Ausbeute ist allerdings durch die geringe Fruchtgröße und den hohen Steinanteil meist gering.

Benjaminler

Herkunft: Der Name stammt vom Hausnamen „s'Benjamine" der Familie KLUMP in Mösbach bei Aachen (Baden) ab. JOSEF KLUMP entdeckte die Kirsche in den 1920er Jahren.

Allgemeine Beurteilung: Wertvolle, platzfeste Brennkirsche mit hohem Zuckergehalt und ausgeprägtem Kirschenaroma, auf guten Böden Eignung für Ferrero- und Industriekirsche. Durch ihre späte Blütezeit sehr ertragssicher und ein vitaler, landschaftsprägender Baum.
Die Frucht: Klein (5–6 g), fast schwarz, reift in der 5.–6. Kirschwoche, bei Vollreife sind die Früchte gut schüttelbar. Fruchtfleisch fest, sehr saftig, stark färbend. Die Früchte schmecken süß und sehr aromatisch. Zuckergehalt 21,9 % Brix (90–100 °Oe).
Der Baum: Wächst mittelstark, aufrecht, bildet landschaftsprägende Bäume mit großer Krone, die bis zu 100 Jahre alt werden. Bringt hohe Erträge und ist durch die späte und lang anhaltende Blüte auch sehr ertragssicher. Anspruchslos an den Standort, verträgt aber wie alle Kirschen keine Staunässe. Sterilitätsgene S 1 S 7, als Befruchtersorten werden 'Dolls Langstiel', 'Schwarze Schüttler' und 'Wölflisteiner' empfohlen.
Besondere Merkmale: Fast schwarze Frucht mit ausgeprägtem Aroma und feiner Säure, starker Wuchs und späte, lang anhaltende Blüte.
Beurteilung als Brennfrucht: Die Ertragshöhe und vor allem die Regelmäßigkeit sprechen für die Sorte. Durch den hohen Zuckergehalt ist auch die Ausbeute hoch. Das aromatische Destillat hat einen typischen Kirschduft mit fruchtigem Charakter. Die Sorte eignet sich auch sehr gut für den Anbau in höheren, kühleren Lagen.

Dolleseppler

Weitere Namen: 'Dollenseppler'.
Herkunft: Der Sämling wurde in den 1960er-Jahren gefunden und stammt aus dem Betrieb Josef Doll in Achern-Mösbach (Baden).

Beurteilung: Aufgrund der hervorragenden Fruchtqualität und der Schüttelfähigkeit eine sehr empfehlenswerte Brennkirsche, die sich auch für höhere Lagen eignet.
Die Frucht: Klein (5–6 g), herzförmig, tiefschwarz und glänzend, wird in der 4./5. Kirschwoche reif. Mittellanger, dünner Stiel, der sich beim Schütteln trocken von der Frucht löst. Fruchtfleisch dunkelrot, mittelfest bis weich, saftig, löst sich gut vom Stein. Saft stark färbend. Die Frucht ist bei Vollreife sehr süß, Zuckergehalt 21,6 % Brix (80–100 °Oe), und schmeckt aromatisch, mit leichtem Bitterton. Die Früchte sind platzfest und wenig fäulnisanfällig.
Der Baum: Wächst mittelstark bis stark, bildet eine charakteristische, breitkugelige und lockere Krone mit etwas flatterigem Wuchs. Mittelfrühe und lang andauernde Blüte. Sterilitätsgene S 1 S 7. Gute Befruchtersorten sind 'Dolls Langstiel' und 'Schwarze Schüttler'. Die Erträge setzen früh ein und sind hoch und regelmäßig. Die Sorte lässt sich gut schütteln, ist anspruchslos an den Standort und wenig spätfrostanfällig. Ihr typisches Aroma entwickelt sie aber nur in warmen Lagen. Wegen der hohen Produktivität sind Standorte mit guter Wasserversorgung zu bevorzugen.
Besondere Merkmale: Breitkugelige Krone und tiefschwarze, sehr aromatische Früchte.
Beurteilung als Brennfrucht: Anspruchslose Sorte mit hohen und regelmäßigen Erträgen, süße und sehr aromatische Früchte. Wichtigste Brennkirsche des badischen Anbaugebiets mit hoher Ausbeute und hervorragendem Kirscharoma.

Mödinger

Weitere Namen: 'Perle von Rüdern'.
Herkunft: Eine alte Lokalsorte aus dem Remstal (Württemberg). Angestammte Heimat auf den Schurwaldhöhen zwischen Neckar und Rems und am Albtrauf. Gehörte früher zum Standardsortiment vieler Kirschpflanzungen.

Allgemeine Beurteilung: Dunkelbraune Herzkirsche mit färbendem Saft und relativ langem Erntefenster. Spezialsorte zur Saftgewinnung und zum Brennen. Im Hausgarten wegen der langen Erntezeit von 14 Tagen interessant.
Die Frucht: Klein (H = 21–23 mm, B = 19–29 mm, 4,2–5,5 g), länglich herzförmig, schwarzbraun, reift in der 3. Kirschwoche fast schlagartig. Die Früchte können jedoch noch 8–10 Tage nach der Vollreife am Baum bleiben und sind dann glänzend kohlschwarz. Fruchtfleisch schwarzbraun, relativ fest, löst sich gut vom Stein, süß aromatisch, mit einer pikanten, herben Art und feinem Aroma. Zuckergehalt 18,4 % Brix (70–80 °Oe).
Der Baum: Wächst in den ersten 3 Jahren stark, durch den frühen Ertrag wird die Wüchsigkeit aber schnell gebremst. Die Sorte blüht spät, als Befruchter dienen 'Hedelfinger', 'Schwarze Knorpelkirsche' und 'Spitze Braune'. Der Ertrag setzt recht früh ein und ist beachtlich hoch. Die Früchte hängen an einem langen Stiel und lassen sich leicht pflücken, können hoch reif, aber auch mechanisch geerntet werden, ohne dass die Früchte bluten.
Besondere Merkmale: Sortentypisch ist in vielen Jahren ein auf einer kratzenden Spitze sitzender Stempel. Das Fruchtfleisch ist mehr fest als weich.
Beurteilung als Brennfrucht: Schüttelbare Kirsche, ohne dass die Früchte bluten. Recht widerstandsfähig gegen Monilia und platzt bei Regen nur mäßig. Wächst auf allen kirschenfähigen Böden und ist wenig frostanfällig. Empfehlenswert wegen der langen Erntezeit. Gute Ausbeute, aromatisches Destillat mit feinem, leicht herbem Aroma.

Ritterkirsche

Herkunft: Sämling aus dem mittelbadischen Raum, ausgelesen von den Fachberatern Huber und Knühl aus Bühl. In der Vorbergzone des Schwarzwalds zwischen Baden-Baden und Lörrach im Anbau.

Allgemeine Beurteilung: Dunkelbraune Knorpelkirsche mit färbendem Saft, hohem Zuckergehalt und aromatischem Geschmack. Eine hochwertige Brennkirsche für die Produktion von „Schwarzwälder Kirschwasser". Liefert auch noch in Hochlagen gute Brennqualitäten.
Die Frucht: Klein bis mittelgroß, kugelig, dunkelbraunrot, mit kurzem, dickem Stiel und festfleischig, reift ab der 5. Kirschwoche, kann dann aber noch 1 Woche hängen bleiben. Schmeckt sehr süß, aromatisch und feinherb. Die Sorte ist nicht unbedingt platzfest, dafür aber wenig anfällig für Monilia.
Der Baum: Mittelstarker Wuchs mit hochkugeliger Krone, der Ertrag setzt im 3.–4. Standjahr ein und ist hoch und regelmäßig. Die Sorte ist in Höhenlagen und auch in ausgesprochenen Windlagen anbauwürdig und sonst recht robust. Sie blüht mittelfrüh, ist eine gute Befruchtersorte, wenig anfällig und im Allgemeinen recht robust.
Besondere Merkmale: Dunkelbraune Knorpelkirsche mit kurzem, kräftigem Stiel. Fleisch löst sich nur mäßig vom Stein.
Beurteilung als Brennfrucht: Um eine ausreichende Fruchtgröße zu erreichen, braucht sie eine gute Wasserführung. Liefert auch in Hochlagen gute Brennqualitäten, qualitativ am besten werden Früchte jedoch im Weinbauklima. Im Allgemeinen hohe und regelmäßige Erträge. Hochwertige Rohware für die Brennereien. Hohe Ausbeute und Destillat mit typischer Brennkirschenqualität. Der kurze Stil erleichtert die Ernte mit dem Schüttler.

Schwarze Schüttler

Weitere Namen: 'Offenburger Schüttler', 'Ebersweierer Schüttler'.
Herkunft: Lokalsorte unbekannter Herkunft aus dem Offenburger Raum, die infolge guter Fruchtqualität und Regenbeständigkeit im Versuchsgarten Ebersweiher (Ortenaukreis) positiv aufgefallen ist.

Allgemeine Beurteilung: Frühe, schwarzbraune Brennkirschen mit schwarz färbendem Saft und guter Regenbeständigkeit. Für Industrie und Ferrero zu weich. Es gibt aber auch noch eine 'Schwarze Schüttler' mit festen Früchten und später Reife.
Die Frucht: Mittelgroß, dunkelbraun bis schwarzbraun, sehr stark glänzend, mit rotbraunem, saftreichem Fruchtfleisch, früh bis mittelfrüh, reift in der 3.–4. Kirschwoche. Mittellanger und kräftiger Stiel, der sich bei Vollreife leicht von der Frucht löst. Die Frucht schmeckt süß mit herbem Beigeschmack und feinem Aroma. Löst sich vom Stiel, ohne dass dabei Saft austritt. Zuckergehalt 21,5 % Brix (80–100 °Oe).
Der Baum: Wächst von Beginn an mittelstark und bildet durch die schräg aufwärts gerichteten, schlanken Leitäste eine breitkugelige, kleine Krone mit einem sparrigen Astgerüst. Sortentypisch ist die relativ spät einsetzende Neigung zur Verkahlung. Die Sorte blüht mittelfrüh und hat im Weinbaugebiet sichere und hohe Erträge. Das Holz ist nicht immer frosthart. Befruchtersorte 'Dollenseppler'.
Besondere Merkmale: Hoher Zuckergehalt, geringe Platzneigung und geringe Neigung zu Fäulnis.
Bewertung als Brennkirsche: In günstigem Klima eine interessante Brennkirsche mit hohen Erträgen und einem hohen Zuckergehalt. Eine gute Befruchtersorte für 'Dolleseppler'. Gute bis sehr gute Ausbeute und feines Aroma in Maische und Destillat.

Schwäbische Weinweichsel

Herkunft: Wildvorkommen von *Prunus cerasus* im Donauraum, Nähe Dillingen. Machte früher im Landkreis Dillingen praktisch den gesamten Sauerkirschenbestand aus und hatte landschaftsprägenden Charakter. Dieser Bestand soll 1967 noch rund 30 000 Bäume umfasst haben. Ihr Vorkommen ist seit 1807 urkundlich durch den Grafen Fugger zu Glött belegt.

Allgemeine Beurteilung: Wurzelechtes Typengemisch. Wegen ihres hohen Zucker- und Farbstoffgehaltes (Anthocyane) optimale Verwertungsfrucht. In den 1950er-Jahren wurden großfrüchtige, dunkelgefärbte und gesunde Typen ausgelesen. Nachdem der Weichselanbau in den 1970er-Jahren aus Rentabilitätsgründen eingestellt wurde, konnten einige Auslesen in Privatgärten und den landkreisansässigen Baumschulen erhalten werden.
Die Frucht: Kleine, breitrunde Frucht (3,5–4,5 g), auf der Stielseite stark abgeflacht, mit dünnem und langem Stiel (40–48 mm). Dunkelrot, vollreif fast schwarz. Geschmack süßsäuerlich, mit einem außergewöhnlichen Sauerkirscharoma. Sie ist eine der elegantesten Sauerkirschen. 23,5 % Brix (70–80 °Oe). Saft stark färbend. Der Glucosegehalt liegt bei 4,9 und der Fructosegehalt bei 3,8 g pro 100 g Frucht. Der Gehalt an Anthocyanen liegt bei 128 mg pro 100 g Fruchtfleisch und der Trockensubstanzgehalt bei 13 %.
Der Baum: Die selbstfruchtbare Sauerkirsche ist starkwüchsig und robust. Sie gedeiht am besten als wurzelechter Baum und erreicht eine Höhe von 2,5–4 m. Sie blüht von April bis Mai. Die Erträge sind mittelhoch. Die Sorte ist auch für extrem raue Lagen geeignet und gedeiht auch auf armen, sandigen Böden in sonniger bis halbschattiger Lage.
Besondere Merkmale: Außergewöhnliches Aroma und für eine Sauerkirsche relativ starker Wuchs.
Beurteilung als Brennfrucht: Die starkwüchsige Sorte ist robust und frosthart. Von 100 kg Früchten bekommt man 4–5 l eines 43%igen Destillats, sehr fein und fruchtig, mit kraftvollem, würzigem Weichselkirscharoma (erinnert an Maraschinoaroma).

Pfirsiche und Aprikosen

Ganz besondere Kostbarkeiten für die Brennerei sind Pfirsiche und Aprikosen. Es ist aber nicht ganz einfach, das feine Aroma in das Destillat zu bringen.
Pfirsiche stammen aus Nord- und Mittelchina, dort wurden sie schon vor über 4000 Jahren angebaut. Über Persien und Kleinasien kamen sie dann nach Europa, und die Römer brachten sie schließlich an den Rhein. Im Mittelalter waren die Pfirsiche eine Besonderheit an den Fürstenhöfen, der erwerbsmäßige Anbaut beginnt aber erst ab dem 19. Jahrhundert.
Die Standortansprüche an den Boden sind nicht sehr hoch, und die Bäume gedeihen sogar auf sandigen Böden, sobald sie genügend Wasser und Nährstoffe haben. Die besten Standorte sind warme Weinberglagen, denn die Blüten sind sehr frostempfindlich. Wichtig ist auch eine genügende Wasserversorgung, besonders kurz vor der Reife, sonst werden der Fruchtgeschmack und die Textur des Fleisches negativ beeinflusst. In kühlen und nassen Jahren und auch auf schweren Böden bekommen die Obstarten vermehrt Gummifluss. In einem Klima, das der Obstart nicht zusagt, bleiben die Früchte geschmacklos und hart, und auch der Stein löst sich schlecht. Pfirsiche werden in weiß-, gelb- und rotfleischige Sorten eingeteilt. Nach der Vergärung sollte sofort die Destillation erfolgen, denn aufgrund des geringen Zuckergehalts und der Empfindlichkeit gegenüber der Kahmhefe darf die Maische nicht gelagert werden. Um den Geschmack zu intensivieren, können einige wenige Steine zur Destillation zugegeben werden.
Aprikosen stammen mit großer Wahrscheinlichkeit wie die Pfirsiche aus China. Wildarten findet man von Afghanistan bis Japan.

Wie der Pfirsich so wurden auch die Aprikosen schon seit über 4000 Jahren in China angebaut. In Europa zählten sie bis zum 16. Jahrhundert zu den Pfirsichen. Die erste Beschreibung gibt es von Hieronymus Bosch (1498–1554).
In größerem Umfang wird die Obstart nur in Österreich erwerbsmäßig angebaut. Dort wird die Aprikose als Marille bezeichnet. Das Holz ist frosthärter als das des Pfirsichs, aber der frühe Saftfluss macht Aprikosen besonders anfällig für Kälterückschläge, zudem ist auch die Blüte sehr stark frostgefährdet. Nach nasskalter Witterung zur Blüte wird fast der gesamte Fruchtansatz abgestoßen. Aprikosen bevorzugen trockenwarmes Klima während der Vegetationszeit. An Standorten, welche der Obstart nicht behagt, kommt es zum Phänomen der Apoplexie, einem plötzlichen Absterben des Baumes. In den letzten Jahren versucht man auch in Deutschland wieder Aprikosen vermehrt zu pflanzen. Solch ein Aufleben der Obstart gab es in den letzten Jahrzehnten immer wieder – leider bisher aber immer erfolglos, denn die Bäume starben spätestens im 8. Jahr ab. Vielleicht wirkt sich hier die Klimaerwärmung positiv aus. Bis jetzt gibt es nur wenige Standorte in Deutschland, welche der Aprikose behagen (Mansfelder Land in Sachsen-Anhalt). Erfolgreich ist dagegen ein Anbau im Hausgarten direkt vor Wänden von Häusern, Schuppen oder Scheunen.
Der österreichische Marillenbrand aus der Wachau ist weit bekannt und wird auch in Deutschland gern getrunken. Für ein aromatisches Destillat ist die Qualität der Früchte von ganz besonderer Bedeutung. Es sollten deshalb nur vollreife Früchte ohne Stein eingeschlagen werden. Ein Säureschutz sowie niedrige Gärtemperaturen und eine Destillation sofort nach Gärende sind Voraussetzung für eine hohe Qualität.

Weinbergpfirsich

Weitere Namen: 'Roter Weinbergpfirsich'.
Herkunft: Weinbergpfirsiche sind Sämlinge, die relativ sortenecht fallen. Es gibt neben dem 'Roten Weinbergpfirsich' auch hellrote bis weiße Sorten, die jedoch geschmacklich keine großen Unterschiede aufweisen. Weinbergpfirsiche waren vor über 100 Jahren als Sämlinge sehr häufig in Weinbergen zu finden, gegen Ende des 20. Jahrhunderts waren sie aber fast verschwunden. Ihr Aussterben wurde gerade noch rechtzeitig verhindert.

Allgemeine Beurteilung: Die Früchte schmecken recht herb und werden deshalb selten roh gegessen. Sie können aber vielfältig in süßen und herzhaften Speisen verarbeitet werden und sind recht interessant für die Brennerei.
Die Frucht: Klein bis mittelgroß, je nach Sorte im reifen Zustand grün bis kräftig rot. Schale sehr fest und mit einer dichten Behaarung versehen. Auch das Fruchtfleisch ist fest. Das Aroma des 'Roten Weinbergpfirsichs' ist sehr intensiv.
Der Baum: Liebt leichtere und lockere Böden und hat einen hohen Nährstoffbedarf. Weinbergpfirsiche benötigen sehr viel Sonne und sind äußerst wärmeliebend. Sie blühen sehr früh, bereits ab Mitte März, zugleich sind sie sehr frostempfindlich. Die Früchte reifen spät, frühestens im September, manche Sorten auch noch später. Die Bäume sind kräftig, werden allerdings nicht sonderlich hoch. Dafür entwickeln sie eine sehr feine Verzweigung sowie sehr viele Blüten und damit auch Früchte.
Besondere Merkmale: Relativ kleine Früchte mit dichter Behaarung und beim 'Roten Weinbergpfirsich' mit blutrotem Fleisch.
Beurteilung als Brennfrucht: Die selbstfruchtbare Sorte hat meist einen hohen Ertrag, aber auch relativ hohe Standortansprüche. Sie ist äußerst wärmeliebend, gedeiht deshalb nur im Weinbauklima und mag keine schweren Böden. Mittlere Ausbeute, aber sehr aromatisches Destillat mit typischem Pfirsichgeschmack.

Kuresia

Herkunft: Selektion von E. Fuchs und M. Grüntzig (Universität Halle). Im Jahr 1999 im Mansfelder Feld (Sachsen-Anhalt) gefunden.

Allgemeine Beurteilung: Erste scharkaimmune Aprikose mit schön ausgefärbten, mittelgroßen, aromatischen Früchten und wunderschönen, rosaroten Blüten. Besonders empfehlenswert für stark scharkaverseuchte Gebiete.

Die Frucht: Mittelgroß, orangegelb, kugelig, reift Ende Juli bis Anfang August. Auf der Sonnenseite kräftig rot gefärbt, im Schatten hängende Früchte sind orangegelb mit nur schwachem Rot. Das hellorangefarbene Fruchtfleisch ist fest und nur schwach druckempfindlich, im reifen Zustand weicher und sehr saftig, süßer bis süßsäuerlicher Geschmack mit schönem Aprikosenaroma. Zuckergehalt 13,5 Brix (50–55 °Oe). Der Stein löst sich gut vom Fleisch. Die Früchte reifen etwas ungleichmäßig.

Der Baum: Wächst mittelstark bis kräftig, leicht breitkronig, stellt keine besonderen Ansprüche an den Anbau. Die selbstfruchtbare Sorte blüht mittelfrüh und kommt bei guter Pflege auch bald in Ertrag. Guter, regelmäßiger Ertrag, an reich tragenden Bäumen ist eine Ausdünnung erforderlich, um mittelgroße Früchte zu erhalten. Mehrmaliges Durchpflücken ist wegen der etwas ungleichmäßigen Reife empfehlenswert.

Besondere Merkmale: Mittelgroße, orangegelbe Früchte mit kräftig roten Wangen.

Beurteilung als Brennfrucht: Besonders empfehlenswert in Scharkagebieten, da die Sorte gegen diese gefährliche Viruskrankheit immun ist. Stellt keine besonderen Ansprüche an den Standort. Mittelhohe Ausbeute, Destillat mit schönem Aprikosenaroma.

Ungarische Beste

Weitere Namen: 'Ungarische', 'Klosterneuburger', 'Rote Aprikose', 'Rote Marille'.
Herkunft: Im Jahr 1868 von GLOCKER als Zufallssämling in Enyid, Ungarn gefunden und von England aus verbreitet.

Allgemeine Beurteilung: Eine der wertvollsten Aprikosensorten, vor allem für den Selbstversorgeranbau geeignet, mit vielseitiger Verwendung, liefert beste Rohware für die Brennereien. Aufgrund ihrer geschmacklichen Qualität ist diese Sorte für den guten Ruf der „Wachauer Marille" verantwortlich und in Europa weit verbreitet.
Die Frucht: Kugelig, etwas unsymmetrisch, mittelgroß bis groß (H = 47–50 mm, B = 44–47 mm, 39–49 g), gegen den Stempelpunkt leicht verjüngt, reift Mitte Juli bis Mitte August. Die Früchte können folgernd geerntet werden. Grüngelbliche Grundfarbe, vollreif sattgelb bis leicht rötlich orangefarben. Auf der Sonnenseite dunkelrot überzogen. Das sehr feste Fruchtfleisch ist rot bis hellorangegelb, mit dunklen Adern durchsetzt. Erst vollreif ist die Frucht weich und saftig und schmeckt süß bis säuerlich. Zuckergehalt 13 % Brix (50–55 °Oe). Gegenüber Witterungseinflüssen nur mäßig widerstandsfähig. Bei Regen platzen die Früchte leicht.
Der Baum: Mittelstarker Wuchs mit breiter, kleiner Krone. Frühe und sehr lange, verzögerte Blüte. Die selbstfruchtbare Sorte kommt früh in Ertrag und bringt in der Regel hohe Ernten. Wenig anspruchsvoll an den Standort, gedeiht auf fast allen Böden und in geschützten Lagen auch außerhalb der Weinbaugebiete.
Besondere Merkmale: Leicht unsymmetrische Früchte, die Bauchnaht liegt in einer flachen, z. T. auch tiefen Furche.
Beurteilung als Brennfrucht: Selbstfruchtbare Sorte mit guten Erträgen und relativ geringen Ansprüchen an den Standort. Allerdings platzen die Früchte relativ leicht. Mittlere Ausbeute mit typischem Aprikosenaroma.

Die Myrobalane hat nicht nur gelbe Früchte.

Wildobst

Wildobst – das Obst unserer Vorfahren – war lange Zeit nicht mehr gefragt. Das hat sich aber seit einiger Zeit geändert: Zum einen werden die Früchte von Wildobstarten als besonders gesund angesehen, zum anderen ist es das „Zurück zur Natur“, das viele Menschen bewegt.

Rein botanisch gesehen vermehren sich Wildobstarten durch Samen und sind nicht züchterisch bearbeitet. Bei verschiedenen Wildobstarten, wie z. B. beim Holunder, der Kornelkirsche und auch beim Sanddorn, gibt es aber heute interessante, vom Menschen durchgeführte Auslesen. Dies sind eigentlich keine echten Wildfrüchte mehr, für praktische Zwecke werden sie aber weiterhin so bezeichnet. Diese Auslesen haben meist größere Früchte und bringen auch höhere Erträge. Oft herrscht die Meinung, dass sie weniger Inhaltsstoffe haben. Dies ist aber nicht so, denn bei der Selektion wurden gezielt Pflanzen mit einem hohen Gehalt an Inhaltsstoffen ausgesucht.

Wildobstarten kann man in zwei Klassen einteilen: Arten mit Früchten, die man roh essen kann (wie z. B. Felsenbirne und Wildkirsche), und Arten mit Früchten, die erst nach einer Frosteinwirkung genussfähig sind (wie z. B. Schlehe oder Mispel).

Die meisten Wildobstarten werden verarbeitet – zu gut schmeckenden Produkten wie Saft, Gelee, Trockenfrüchten oder auch Likör und Destillaten.

Ein Problem ist es, von diesen Früchten größere Menge zu bekommen, da die Früchte recht klein sind und auch die Ernte oft größere Probleme bereitet. Meist kommen diese Wildobstarten mit einigen Ausnahmen auch nicht mehr sehr häufig vor. Einige werden deshalb heute speziell für Erwerbszwecke kultiviert, wie z. B. Holunder, Sanddorn oder auch Vogelbeere. Wildobstgehölze sind auch im Garten vielseitig verwendbar, sie blühen nicht nur schön, wie z. B. die Kornelkirsche, der Holunder oder die Felsenbirne, sondern bringen noch zusätzlich Früchte. Solche Obstarten im Garten sind auch ökologisch besonders wertvoll, Blüten wie auch Früchte dienen vielen Insekten und Tieren als Nahrung.

Die Alkoholausbeute aus Früchten von Wildobst ist meist gering, da der Zuckergehalt relativ niedrig oder der Steinanteil sehr hoch ist. Oft ist der in der Maische gebildete Alkoholanteil nicht höher als 2–3 %. Es stellt sich deshalb die Frage, ob dieser geringe Alkoholgehalt ausreicht, um das gesamte Aroma der Früchte aufzunehmen. Daher ist die Herstellung von Geisten bei vielen Wildobst-Früchten üblich. Dabei wird neutral schmeckender hochprozentiger Alkohol den zerkleinerten, aber nicht vergorenen Früchten zugegeben. Seit Änderung der Bestimmungen kann aber auch der Maische Alkohol zugesetzt werden.

Die Entstehungskosten sind nicht nur durch die niedrige Ausbeute, sondern zusätzlich durch das relativ teure Einsammeln der Früchte hoch. Es ist deshalb verständlich, warum Destillate aus Wildobst einen höheren Preis haben. Da diese Destillate aber Seltenheitswert haben, wird dieser höhere Preis gern bezahlt.

Kriechele (*Prunus insititia* L.)

Weitere Namen: Haferschlehe, Haferpflaume, St. Julien-Pflaume, Saupfläumle, Scheißpfläumle. In England: Damson oder Damson plum.
Herkunft: Diese Wildpflaume ist eine Unterart (subsp.) von *Prunus insititia* und kam bereits in vorgeschichtlicher Zeit in Deutschland vor. Sie wurde erstmals von Hildegard von Bingen (1098–1179) erwähnt. Der deutsche Name leitet sich von der starken Ausläuferbildung ab.

Allgemeine Beurteilung: Wichtige Unterlagen für Pflaumen und Zwetschgen (St. Julien A, GF 655/2, Pixy). In ganz Deutschland vorkommend, aber nur noch selten wild, meist sind es Verwilderungen von den Wurzelausläufern der Unterlagen. Es gibt zahlreiche Typen, die sich in Fruchtgröße und Reifezeit unterscheiden. Kleinere und mehr bittere Formen werden als Haferschlehe, größere und süßere als Haferpflaume bezeichnet.
Die Frucht: Klein bis mittelgroß, (17–32 mm, 4–28 g), rundlich, reift Mitte August bis Mitte September. Verschiedene Fruchtfarben, meist aber blau. Grünliches Fruchtfleisch, das sich schlecht vom Stein löst. Zuckergehalt 16 % Brix (60–80 °Oe). Im Geschmack süß bis bitter.
Der Baum: Strauch oder kleiner Baum, der sich durch starke Ausläuferbildung schnell vermehrt und bei ungestörter Ausbreitung ganze Hecken bildet. Die Blüte ist früh bis mittelfrüh. Die Wildpflaume stellt geringe Ansprüche an den Standort, ist klimahart und reich tragend.
Besondere Merkmale: Kleine, meist blaue Früchte, die etwas größer sind als Schlehen, meist mit stark adstringierendem Geschmack, behaarte Jahrestriebe und starke Ausläuferbildung, deshalb fast immer als Hecke und selten als Einzelbaum vorkommend.
Beurteilung als Brennfrucht: Die Wildpflaume bringt meist gute und auch regelmäßige Erträge, stellt geringe Ansprüche an den Standort und kommt auch in höheren Lagen vor. Die Ausbeute ist relativ niedrig und das Destillat fruchtig mit typisch betontem Steinton.

Mährische Eberesche (*Sorbus domestica* L.)

Weitere Namen: Edel-Eberesche, Süße Eberesche.
Herkunft: Eberesche mit fast bitterfreien Früchten, die 1810 von Hirtenjungen in Nordböhmen als Mutante gefunden wurde. Es gibt verschiedene Sorten, wie z. B. die Pillnitzer Sorten 'Konzentra' oder 'Rosina'.

Allgemeine Beurteilung: Diese bitterstoffarme Vogelbeere wird heute zur Anpflanzung empfohlen. In obstbaulichen Grenzlagen ist sie eine konkurrenzlos Frucht und eignet sich auch für Hausgärten.
Die Frucht: Apfelartige Scheinfrüchte, nicht bitter, sondern süßsauer, etwa 1–1,5 cm groß, unreif orangefarben, vollreif glänzend scharlachrot und hellgelb punktiert. Die Früchte reifen Ende August bis Mitte September und sind vollreif im Oktober. Das Aroma erinnert an Preiselbeeren. Die Früchte haben einen beachtlichen Vitamin-C-Gehalt und enthalten neben Zucker leider auch beträchtliche Mengen an Sorbit. Zuckergehalt 5–10 % Brix (bis 40 °Oe).
Der Baum: Kleinwüchsig, mit einer durchschnittlichen Wuchshöhe von bis zu 15 m. In der Regel mehrstämmig als Strauch. In den ersten 20 Jahren wächst er relativ schnell, dann nur noch sehr langsam. Die Vogelbeere erlangt ihre Blühfähigkeit bereits im Alter von 5–6 Jahren, ist selbststeril und zwittrig und blüht von Mai bis Juli. Der Blütenstand entspricht einer ausgebreiteten Schirmrispe, in der 200–300 Blüten vereinigt sind. Anfällig für Feuerbrand.
Beurteilung als Brennfrucht: Ab dem 3. Jahr sind Erträge von 3–5 kg möglich, später dann 20–40 kg. Die Vogelbeere alterniert in der Regel nicht. Die Ausbeute bei der Mährischen Eberesche liegt mit 4–5 l Alkohol pro 100 l Maische deutlich höher als bei der Gemeinen Eberesche mit nur 2–3 l. Das Destillat ist besonders feinaromatisch, erinnert an Marzipan und ist bei Kennern gefragt.

Mispel (*Mespilus germanica*)

Weitere Namen: Echte Mispel, Deutsche Mispel, Mespele, Nespel, Espel, Hundsärsch u. a.
Herkunft: Die ursprüngliche Heimat reicht vom Kaukasus und Iran bis nach Kleinasien und Griechenland. Seit etwa 200 v. Chr. bei uns eingebürgert.

Allgemeine Beurteilung: Kleine, braune Früchte, die man, bedingt durch den hohen Gerbstoffgehalt, erst nach Frosteinwirkung oder längerer Lagerung essen kann. Es gibt zahlreiche Formen und Selektionen.
Die Frucht: Klein (bei Wildvorkommen nur 2–3 cm im Durchmesser und 15–20 g, bei Kulturformen 3–7 cm), leicht birnen- bis apfelförmig, rostbraun, mit deutlichen Kelchzipfeln. Bis zum ersten Frost steinhart, dann werden die Früchte weich und schokoladenbraun, angenehm säuerlich und aromatisch. Man kann sie allerdings auch schon Ende Oktober ernten und lagern. Nach etwa 20 Tagen werden sie weich und essbar. Neben Zucker enthalten sie auch Vitamin C. Zuckergehalt 11 % Brix (40–45 °Oe).
Der Baum: Sommergrüner, 3–7 m hoher Strauch oder kurzstämmiger Baum, der bis zu 70 Jahre alt werden kann. Blätter auffällig graugrün und filzig behaart. Etwa 5 cm große Blüten, die sich Ende April bis Anfang Mai öffnen. Da diese endständig an den Trieben stehen, ist von einem Schnitt abzuraten. Bei Vollertrag können bis zu 30 kg geerntet werden.
Besondere Merkmale: Graugrüne, filzige Blätter, große, weiße Blüten und rostbraune Früchte mit deutlichen Kelchzipfeln und hohem Gerbstoffgehalt.
Beurteilung als Brennfrucht: Warme, sonnige Standorte mit tiefgründigen Böden werden bevorzugt. Kaum Befall mit Krankheiten oder Schädlingen. Es gibt interessante Sorten und Auslesen, z. B. 'Königliche', 'Krim', 'Ungarische Mispel', 'Delices de Vannes' u. a. Ausbeute 4–5 l pro 100 l Maische. Destillat feinherb und erdig würzig. In weiten Bereichen zählt der Mispelbrand zu den Liebhabereien unter den Obstbränden.

Myrobalane (*Prunus cerasifera*)

Weitere Namen: Kirschpflaume, 'Türkenkirsche'.
Herkunft: Ursprünglich im Kaukasus und in den angrenzenden Gebieten heimisch. In Deutschland erstmals 1588 von TABERNAEMONTANUS erwähnt.

Allgemeine Beurteilung: In vielen Ländern Europas eine der wichtigsten Pflaumenunterlagen. Wegen der frühzeitigen Reife früher beliebt zum Frischverzehr. Nach heutigen Maßstäben ist die Qualität aber unzureichend. Dennoch interessant für Marmeladeherstellung. Es gibt zahlreiche Typen und auch Kultursorten, z. B. 'Anatolia', 'Ceres' und 'Unica', die in der ehemaligen DDR gezüchtet wurden.
Die Frucht: Klein bis mittelgroß (18–30 mm, 8–16 g), rundlich, reift zwischen Anfang Juli und Ende September. Je nach Typ ist die Frucht sehr unterschiedlich gefärbt: von hellgrün bis gelb und von rot bis dunkelrot, selbst blaue Früchte gibt es. Das weiche Fruchtfleisch ist oft wässrig und ohne besonderes Aroma, meist säuerlich mit wenig Zucker, 13 % Brix (48–60 °Oe). Zwischen den einzelnen Typen gibt es aber recht unterschiedliche Fruchtqualitäten.
Der Baum: Kommt als Busch oder Baum vor, mit einer Höhe von 6–10 m. Meist handelt es sich dabei um Unterlagenaustriebe abgestorbener Pflaumen- oder Zwetschgenbäume. Die Blüte ist sehr früh und deshalb spätfrostgefährdet. Der Ertrag ist hoch und ohne Frosteinwirkung auch regelmäßig. Unterscheidung zur Mirabelle: Glänzende Jahrestriebe.
Besondere Merkmale: Früchte in Mirabellengröße (gelbfrüchtige Sorten werden deshalb oft mit Mirabellen verwechselt).
Beurteilung als Brennfrucht: Myrobalanen haben geringe Standortansprüche und sind auch wenig krankheitsanfällig. Die Ausbeute kann je nach Typ sehr unterschiedlich sein, dies trifft auch auf die Qualität des Destillats zu. Viele Herkünfte befriedigen aber nicht.

Schlehe (*Prunus spinosa*)

Weitere Namen: Schwarzdorn, Schlehdorn, Heckendorn u. a.
Herkunft: Die Heimat der Schlehe erstreckt sich von Europa über Vorderasien bis zum Kaukasus und Nordafrika. Bei uns ist sie mit zahlreichen Typen schon lange heimisch.

Allgemeine Beurteilung: Schlehen kommen in zahlreichen Typen vor und haben keine großen Ansprüche an den Standort, können durch die vielen Wurzelausläufer aber schnell zu einem Problem werden. Sie werden heute in der Unterlagen-Züchtung für Pflaumen verwendet, um einen schwächeren Wuchs zu bekommen. Die Früchte sind vielseitig verwendbar.
Die Frucht: Klein (6–18 mm, 1,5–3,8 g), rundlich, blauschwarz, hellblau bereift. Das grüne Fruchtfleisch löst sich nicht vom Steinkern. Das Fruchtfleisch ist zunächst sehr sauer und herb – erst nach Frosteinwirkung wird der Gerbstoff abgebaut. Reife ab Oktober bis November. Es gibt großfrüchtigere Kulturschlehen (Hybriden mit Pflaumen) mit weniger Gerbstoff.
Der Baum: Wächst als dorniger Strauch oder als kleiner, oft mehrstämmiger Baum, der bis zu 40 Jahre alt werden kann. Wuchshöhe meist etwa 3 m, in Ausnahmefällen aber auch 6 m.
Besondere Merkmale: Dornenreicher, früh blühender Busch oder Baum mit kleinen, rundlichen, schwarzblauen Früchten, die hellblau bereift und sehr gerbstoffhaltig sind. In der Altersphase ohne Dornen.
Bewertung als Brennfrucht: Der Ertrag ist durch die frühe Blüte von Jahr zu Jahr sehr unterschiedlich, an sonnigen Standorten können bis zu 30 kg pro Strauch erreicht werden. Wächst auf allen Standorten und in Höhenlagen bis 1000 m. Problematisch ist die Ernte durch die vielen Dornen. Im Anbau mit Vollernter möglich. Die Ausbeute ist bedingt durch den hohen Steinanteil relativ gering (3 l pro 100 kg Früchte). Sollte sofort nach der Vergärung destilliert werden. Das Destillat ist gerbstoffgeprägt, oft auch pflaumig mit Bittermandelgeschmack, und erreicht nach 2–3 Jahren seinen Höhepunkt.

Schwarzer Holunder (*Sambucus nigra*)

Weitere Namen: Gemeiner Holunder, Holunderbusch, Holder u. a.
Herkunft: In Europa, Westasien und Nordafrika verbreitet. Schon von den Bewohnern der Pfahlbauten verwendet.

Allgemeine Beurteilung: Holunder wird schon seit Jahrhunderten als Nutz- und Heilpflanze in den Bauerngärten kultiviert. Die Früchte dürfen nicht roh verzehrt werden, denn die Samen enthalten das giftige Glycosid Sambunigrin. Heute gibt es auch einen plantagenmäßigen Anbau mit interessanten Auslesen, z. B. mit den Sorten 'Haschberg', 'Mammut', 'Sambu' u. a.
Die Frucht: Kleine (5–7 mm), kugelige, schwarz glänzende, beerenartige Steinfrüchte, die an großen, dichten und schweren Trugdolden (bis 150 g und Ø = 10–20 cm) hängen und Anfang bis Mitte September reifen. Sie enthalten einen stark färbenden Saft von tiefroter Farbe, Zuckergehalt 14 % Brix (50–60 °Oe). Vitamin-C-Gehalt 20–100 mg pro 100 g, Anthocyangehalt 5–800 mg pro 100 g.
Der Baum: Blüht Ende Mai bis Juni, in der Regel selbstfruchtbar, Fremdbestäubung erhöht aber die Erträge. Sehr anspruchslos und gedeiht sogar gut im Halbschatten. Der Niederschlag sollte jedoch mehr als 700 mm pro Jahr betragen. Hohe Erträge nur bei frischen, humus- und stickstoffreichen Böden. Neuere Sorten bringen ab dem 4. Jahr bis zu 9 kg, im Vollertrag sind 20–25 kg möglich.
Beurteilung als Brennfrucht: Der Holunder bringt regelmäßige und auch hohe Ernten (im Plantagenanbau 100–150 dt/ha), stellt geringe Ansprüche an den Standort und kommt in Höhenlagen bis 1000 m vor. Er wird gern von der Holunderblattlaus befallen und verträgt auch keine hohen Temperaturen. Holunder nur in gerebelter Form verarbeiten. Niedrige Ausbeute, nur 2–4 l pro 100 kg. Die Obstbrände sind sehr aromatisch, intensiv und würzig. Holundermaischen, die in die abgehende Gärung destilliert werden, führen zu feineren und typischeren Bränden.

Speierling (*Sorbus domestica* L.)

Weitere Namen: Schweizer Birnbaum, Spierling, Sperbel, Sperberbaum, Mauchbere u. a.
Herkunft: Die Obstart war bereits den alten Griechen bekannt und kommt in Südwest- und Südosteuropa, Kleinasien bis Transkaukasien sowie in Nordost-Afrika vor. 1990 gab es in Deutschland nur noch 4000 Bäume. Seither wurden 500 000 Bäume nachgepflanzt.

Allgemeine Beurteilung: Gehört zur selben Gattung wie die Eberesche. Die kleinen, herben Früchte werden vor allem im Raum Frankfurt dem Apfelmost beigemischt, um ihn haltbarer zu machen. Seit einigen Jahren auch als Brennfrucht gesucht.
Die Frucht: Birnen- oder apfelförmig, nur 2–5 cm groß, wiegt 10–20 g, reift im September bis Oktober. Die Früchte färben sich je nach Sorte braun, gelb oder rötlich. Bei Vollreife bräunlich und teigig. An einer Fruchtdolde hängen 3–10 Früchte. Sie haben einen hohen Gerbstoffgehalt und sind erst genießbar, wenn sie teigig werden und schmecken dann herb-säuerlich-süß. Zuckergehalt 12,4 % Brix (45–55 °Oe).
Der Baum: Wird groß und breitkronig und kann bis zu 150 Jahre alt werden. Wenn er frei steht, erreicht er Höhen von 15–20 m. Er hat wechselständige, unpaarig gefiederte Blätter, die bis zu 23 cm lang werden. Der Baum braucht 8–20 Jahre, bis er zum 1. Mal blüht. Die kleinen, weißen Einzelblüten erscheinen im Mai. Die Bäume fruchten fast jährlich und liefern bis zu 500 kg Früchte pro Baum.
Besondere Merkmale: Blätter wie bei der Vogelbeere und kleine, herbe Früchte.
Beurteilung als Brennfrucht: Die Obstart bevorzugt trockene bis mäßig frische, kalkhaltige Lehmböden und ist wärmeliebend. Über eine Veredlung können wertvolle Auslesen vermehrt werden. Die Ausbeute ist in der Regel gering, das unverkennbare Destillat erinnert an einen guten Grappa, hat aber ein typisches Aroma und ist stark nachgefragt.

Vogelkirsche (*Prunus avium*)

Weitere Namen: Wildkirsche.
Herkunft: Wächst wild in Kleinasien, im Kaukasus und auch in Europa.

Allgemeine Beurteilung: Stammart der Kulturkirsche, mit kleinen Früchten, die im Geschmack der Süßkirsche ähneln und in unterschiedlichen Farben, Größen und auch Reifezeiten vorkommen. Werden zu Gelee und Marmelade verarbeitet, wegen des leicht bitteren Geschmacks auch für die Herstellung von Likör verwendet und auch in der Brennerei verwertet. Gelbrote Früchte sind meist süßer.
Die Frucht: Rundlich und klein (10–15 mm, 1,2–1,7 g) mit langem (35–40 mm) und dünnem Stiel, reift Ende Juni bis Mitte Juli, gelbrot, hellrot, dunkelrot bis fast schwarz gefärbt. Geschmack süß, Zuckergehalt 19,4 % Brix (70–90 °Oe), mit Säure und öfters leicht bitter. Der Stein ist im Verhältnis zur Frucht relativ groß (L = 10 mm, B = 8 mm, Ø = 6 mm) und wiegt 0,6 g, d. h. über ein Drittel des gesamten Fruchtgewichts entfällt auf den Stein.
Der Baum: Die Krone von Kirschbäumen ist im Freistand rundlich und ziemlich breit. Die Bäume können im Wald bis 30 m und im Freistand bis 20 m hoch und maximal 150 Jahre alt werden. Blüte im April, der Ertrag kann je nach Jahr sehr unterschiedlich sein. Attraktiver Solitärbaum durch den Wuchs, die Blüte und die Herbstfärbung (gelbrot bis leuchtend rot).
Besondere Merkmale: Kleine Kirschen mit langem Stiel.
Beurteilung als Brennfrucht: Der Ertrag ist je nach Sorte und Jahr sehr unterschiedlich. Die Ernte der kleinen Frucht ist mühevoll und sollte am besten mit einem Schüttler erfolgen. Problematisch kann die Kirschessigfliege werden. Wegen der Spätfrostanfälligkeit bei Pflanzung auf den richtigen Standort achten. Der Zuckergehalt der Früchte ist hoch, wegen dem hohen Steinanteil ist die Ausbeute aber entsprechend gering. Das Destillat hat ein typisches Kirscharoma mit Bitterton.

Zibarte (*Prunus insititia*)

Weitere Namen: Ziparte, Zipate, Zwiferl, Seiberl, Zibärtle.
Herkunft: Wildpflaume, die schon seit der spätkeltischen Zeit bei uns beheimatet ist. Erstmals schriftlich erwähnt von Hildegard von Bingen (1098–1179). Unterart von *Prunus insititia*, eng verwandt mit Kriechele.

Allgemeine Beurteilung: Kleine, gerbstoffreiche Früchte, die nur über die Brennerei verwertet werden können. Es gibt verschiedene Typen, die sich in Reifezeit und Fruchtgröße unterscheiden. Zibarten gibt es vor allem in Süddeutschland. Sie kommen auch vereinzelt in der Schweiz und in Österreich noch wurzelecht vor.
Die Frucht: Klein (Ø = 18–22 mm, 4–7 g), rund, reift zwischen Mitte September und Mitte Oktober, Schale gelbgrün und schwach bereift, auf der Sonnenseite z. T. leicht rötlich. Fruchtfleisch gelbgrün, weich und saftig, es löst sich schlecht vom Stein und hat einen hohen Gerbstoffgehalt. Durchschnittlicher Zuckergehalt etwa 15,8 % (60–70 °Oe).
Der Baum: Wurzelechte Pflanzen bilden meist einen Strauch, veredelte Pflanzen dagegen einen kleinen Baum von 3–4 m Höhe. Zibarten haben kleine Blüten, die früh erscheinen und selbstfruchtbar sind.
Besondere Merkmale: Kleine, gelbgrüne, rundliche Früchte, ähnlich den Schlehen, lösen sich schlecht vom Stein und haben einen hohen Gerbstoffgehalt. Es gibt keine blauen Zibarten – das sind Kriechele.
Beurteilung als Brennfrucht: Ertragshöhe und auch Regelmäßigkeit sind gut. Die Früchte können geschüttelt werden. Die Ansprüche an den Standort sind relativ gering, und Zibarten wachsen selbst in Höhenlagen der Schwäbischen Alb und auch im Schwarzwald. Die Ausbeute ist, bedingt durch die kleine Frucht und den relativ großen Stein, gering und ähnlich hoch wie bei Schlehen. Das Destillat schmeckt fein und hat Liebhaberwert, entsprechend hoch sind die Preise.

Register

E

F

G

N

O

P

Q

R

S

Service

Weiterführende Literatur

Belitz,H.- D., W. Grosch und P. Schieberle (2001): Lehrbuch der Lebensmittelchemie. Springer Verlag, Berlin-Heidelberg.

Bertsch, K. und F. (1947): Geschichte unserer Kulturpflanzen. Wissenschaftliche Verlagsgesellschaft, Stuttgart.

Bundesverband der deutschen Spirituosen-Industrie und -Importeure e. V.: Geschichte der Spirituosenherstellung. www.spirituosen-verband.de/genuss/geschichte/.

Fischer, M. (2010): Farbatlas Obstsorten, 3. Auflage. Verlag Eugen Ulmer, Stuttgart.

Friedrich, G. und W. Schuricht (1985): Seltenes Kern-, Stein- und Beerenobst. Neumann Verlag Leipzig. Radebeul.

Friedrich, G. und W. Schuricht (1988): Nüsse und Quitten. Neumann Verlag Leipzig. Ratebeul.

Friedrich, G. und M. Fischer (2000): Physiologische Grundlagen des Obstbaus. Verlag Eugen Ulmer, Stuttgart.

Hagmann, K. und B. Essich (2006): Obst brennen, 2. Auflage. Verlag Eugen Ulmer, Stuttgart.

Hartmann, W. (2015): Farbatlas alte Obstsorten, 5. Aufl. Verlag Eugen Ulmer, Stuttgart.

Hedrick, U. P. (1911): The plums of New York. Albany, J. B. L. Company Printers

Hedrick, U. P. (1921): The pears of New York. Albany, J. B. L Company Printers.

Pirc, H. (2015): Enzyklopädie der Wildobst- und seltenen einzelnen Obstarten. Leopold Stocker Verlag, Graz-Stuttgart.

Poschlod, P. (2014): Geschichte der Kulturlandschaft. Verlag Eugen Ulmer, Stuttgart.

Probst, G. (1986): Wildfrüchte. Pietsch Verlag, Stuttgart.

Röhrig, G. und W. Albrecht (2017): Eine Brennerei einrichten. Verlag Eugen Ulmer, Stuttgart.

Rueß, F. (2016): Resistente und robuste Obstsorten. Verlag Eugen Ulmer, Stuttgart.

Schirmer, M. (2000): Die Quitte. IHW Verlag, Eching bei München.

Schmidtthaler, M. (2001): Mostbirnen. Verein „Neue alte Obstsorten".

Silbereisen, R., Götz, G. und W. Hartmann (1996): Obstsorten-Atlas. Verlag Eugen Ulmer, Stuttgart.

Stallknecht, H. D. (2017): Baumobsterhebung 2017 veröffentlicht. Obstbau 11, S. 632.

Windisch, K. (1952): Die Obstbrennerei, 2. verbesserte Auflage. Verlag Eugen Ulmer, Stuttgart.

Windisch, R., M. Rüdiger, G. Schwarz und L. Malsch (1960): Die Obstbrennerei, 3. verbesserte Auflage. Verlag Eugen Ulmer, Stuttgart.

Zehnder, M. und F. Weller (2006): Streuobstbau. Verlag Eugen Ulmer, Stuttgart.

Die Autoren

Philipp Schwarz studierte an der Hochschule Geisenheim University Getränketechnologie und war bis zu seinem Wechsel in die Privatwirtschaft Betriebsleiter der Forschungs- und Lehrbrennerei an der Universität Hohenheim. Neben seiner Tätigkeit als Produktionsleiter einer Brennerei ist er sensorischer Sachverständiger und DLG-Prüfer für Spirituosen sowie Prüfer bei Kleinbrennerverband-Prämierungen. Philipp Schwarz ist zudem Dozent bei den Destillateurmeistern in Berlin und gibt eigene Lehrkurse und Seminare.

Walter Hartmann, geb. 1943, studierte von 1966 bis 1970 an der Universität Hohenheim und promovierte anschließend am Institut für Obstbau. Bis 2008 war er dann dort als Akademischer Rat bzw. Oberrat tätig. Seine Arbeitsgebiete sind Züchtung und Pomologie. Er ist Herausgeber des „Farbatlas Alte Obstsorten" und des Streuobstkalenders, arbeitete an mehreren Fachbüchern mit und ist Autor zahlreicher Fachartikel.

Bildquellen

Alle Fotos stammen von Walter Hartmann mit Ausnahme der folgenden:

Artevos GmbH: S. 87 und 97
Firma Nova-Photo-Graphik-Bildverwertungsges. m.b.H.: S. 169
Ganter OHG: S. 168
Gräb Gehölze und Obstbau: S. 171
Günter Plonka/VBOGL: S. 83
Kiefer Obstwelt GmbH: S. 167
mauritius images: S. 79
Möhler, Monika: S. 172
Obstsortendatenbank BUND-Lemgo: S. 166
Schwarz, Philipp: S. 45 und 56
Wurm, Lothar: S. 173

Die Zeichnung auf S. 19 fertigte Helmuth Flubacher.

Impressum

Die in diesem Buch enthaltenen Empfehlungen und Angaben sind von den Autoren mit größter Sorgfalt zusammengestellt und geprüft worden. Eine Garantie für die Richtigkeit der Angaben kann aber nicht gegeben werden. Autoren und Verlag übernehmen keine Haftung für Schäden und Unfälle. Bitte setzen Sie bei der Anwendung der in diesem Buch enthaltenen Empfehlungen Ihr persönliches Urteilsvermögen ein.
Der Verlag Eugen Ulmer ist nicht verantwortlich für die Inhalte der im Buch genannten Websites.

Bibliografische Information der Deutschen Nationalbibliothek
Die Deutsche Nationalbibliothek verzeichnet diese Publikation in der Deutschen Nationalbibliografie; detaillierte bibliografische Daten sind im Internet über http://dnb.d-nb.de abrufbar.

Wollgrasweg 41, 70599 Stuttgart (Hohenheim)
E-Mail: info@ulmer.de
Internet: www.ulmer.de
Lektorat: Sabine Drobik, Lisa Seibel
Herstellung: Katharina Merz
Umschlag-Konzeption: Ruska, Martín, Associates GmbH, Berlin
Umschlag-Gestaltung: Atelier Reichert, Stuttgart
Satz: primustype Hurler GmbH, Notzingen
Reproduktion: timeRay Visualisierungen, Jettingen
Druck und Bindung: Firmengruppe Appl, aprinta Druck, Wemding
Printed in Germany

ISBN 978-3-8186-0339-7